电子教程系列

土木工程制图

周佶　主编

尤翔　程小武　富昱佳　参编

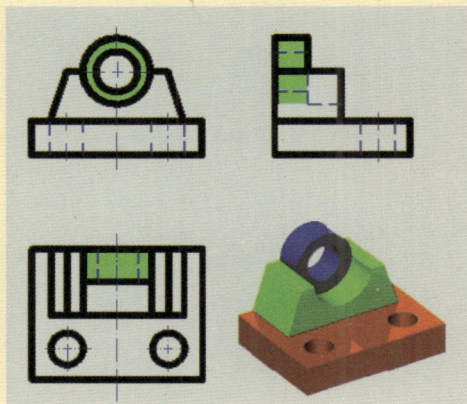

中国建筑工业出版社

电子教程系列

土木工程制图

周佶　主编

尤翔　程小武　富昱佳　参编

*

中国建筑工业出版社出版、发行(北京西郊百万庄)

各地新华书店、建筑书店经销

北京广厦京港图文有限公司制作

北京中科印刷有限公司印刷

*

开本：787×1092毫米　1/32　印张：2 ⅜　字数：70千字

2008年8月第一版　　2008年8月第一次印刷

定价：**168.00**元

ISBN 978-7-900232-93-9

　　　　(14658)

目 录

导　言

本电子教程主要用于土建类及相关专业工程制图课程教学,以辅助教师进行课堂教学为主,同时兼顾学生自学或课后复习。每章配有大量的习题及解答。说明手册按章节汇集了教学的主要内容,光盘按知识点包含了大量的动画片段、电影剪辑和三维仿真模型,可根据教学实际情况灵活选用。

本电子教程运行平台为Windows 2000/XP以上、IE浏览器V5.5以上。同时由于使用了三种不同类型的媒体文件,因此需要加载三种浏览器插件:用于浏览Flash动画文件"SWF"的插件、用于浏览AutoCAD网络发布格式"DWF"的插件和用于浏览VRML虚拟现实三维模型文件"WRL"的插件等,在运行光盘之前需提前安装。

下面介绍电子教程的使用方法。

0.1 启动画面

进入课件

如果有图形不能正常显示,请试着安装下列插件:
1. SWF插件　2. WRL插件　3. DWF插件
如果您想了解本课件的特点和使用方法,请观看: 使用说明与演示

图 0-1-1 启动画面

双击光盘根文件夹中"土木工程制图.htm",进入课件启动画面如图0-1-1所示。

0.2 课件的结构和导航

点击"进入课件"进入课件的主页面"教学大纲"。也可直接在根目录下单击"index.html"文件进入主页面。

本课件以章节为主体结构，页面安排分"章"和"节"两级，由章页面检索节页面的内容。具体的知识点内容（简称"点"）被安排在节页面的各个独立框架中（即子窗口）。章页面中安排有两级超链接：节链接和点链接。节链接以小标题的形式安排，点链接以内容的形式安排。因此任何一个知识点都可以通过章页面的链接直接到达。

0.2.1 章页面导航

| (a) 页首 | (b) 页尾 |

图 0-2-1 章页面

页首安排了四个章按钮，单击按钮可以在各"章"页面中切换。参见图0-2-1(a)。

"章"按钮下方安排了本章要点，如图0-2-1(a)所示。本章要点以节为单位，单击各个要点可以自动滚屏到下面相应的"节"链接，如图0-2-1(b)所示，单击"节"链接可以换页到节页面的页首。单击标题下方的"点"链接可以直接换页到相应节页面的相关内容处。因此，可以通过单击"章"页面中的"点"链接可以直接到达任何所需讲解的知识点。尾部还安排有习题的链接，习题单独成页，只有章页面中才有习题链接，习题页安排有"返

2

回"链接，直接返回"章"页面。

所有的页面首尾都安排了和"章"的链接。另外还安排有"上一页"和"下一页"的前后翻页链接。翻页按照安排好的顺序前后翻页。

0.2.2 节页面导航

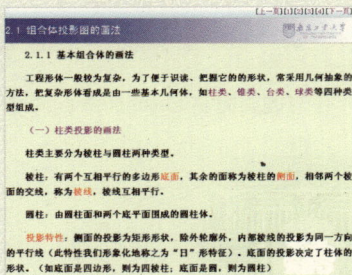

(a) 页首

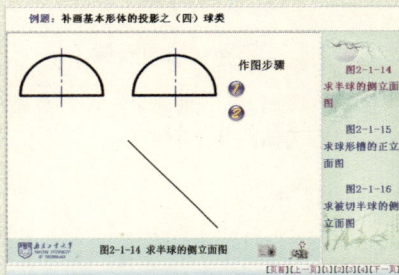

(b) 页尾

图 0-2-2 节页面

"节"和"章"类似，页首安排有本节的所有要点，每个要点设有链接，指向该"点"所在的页面位置。参见图 0-2-2(a)。节页面是本课件的最底层页面，安排了本节的全部内容，每个知识点以一个单独的窗口插在页面中。知识点内容作为窗口的标题，单击标题可以回到"节"页首，方便读者快速切换主题。另外由于同一"节"所有内容都在一个页面中，因此顺序浏览可以通过鼠标滚轮翻屏来实现。

每个"点"窗口中可能配有多个图形、动画或模型演示。为了缩短页面长度便于浏览，在"点"窗口中还镶有浮动框架页面，该框架的右边栏为框架的菜单栏，多个图形、动画或模型以菜单形式罗列其中。如图 0-2-2(b)所示。单击菜单项，相应的内容将在左边的窗口中显示。

"节"的首尾部和章一样安排了"章"链接和"上一页"、"下一页"翻页链接。尾部还多一个返回本页页首的链接。

总之，熟悉本课件的导航链接可以方便我们的教学，提高速度，节约时间。同时又可让我们在浏览时避免"迷航"。

0.3 多媒体播放和交互操作

本课件包含了大量的多媒体文件，除常见的图片文件外，还包含三种需要特别插件才能浏览的文件："SWF"、"WRL"和"DWF"。其使用方法分述如下。

0.3.1 "SWF"动画播放

"SWF"格式文件是 Flash 动画文件，它的播放需要 Flash 插件。动画文件的格式如图 0-3-1 所示。

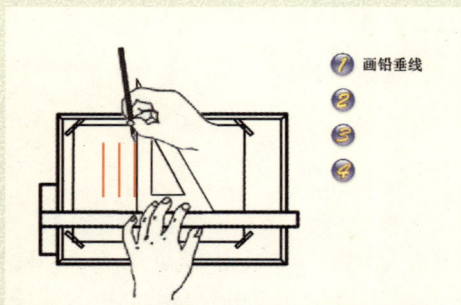

图 0-3-1　Flash 动画播放

右侧是步进式按钮，供教师按步骤讲解教学内容。像传统板书那样依次展开作图步骤。

在动画播放窗口的右下方有两个图标按钮，分别是"相机"按钮和"放映机"按钮。"相机"按钮用于显示作图的最终结果，或显示形体的三维相片。"放映机"按钮是该主题的教学电影剪辑，用于学生自学或课后复习之用。放映一旦开始，将连续播放，直至该主题讲解结束才自动停止播放。若需人为终止，可以再次单击该主题的菜单链接终止播放。图标形式参见图 0-3-1 的右下方。

0.3.2 "WRL"模型演示

单击菜单栏的"演示模型"链接可以弹出浮动窗口，如图 0-3-2 所示。

窗口的左边有四个上下排列按钮，其功能依次为：缩放模型、平移模型、翻转模型和满屏显示。

常用的操作是翻转模型，单击翻转模型按钮后将鼠标移至模型图上，按下左键并移动鼠标可以前后、左右、上下等各种方向翻转模型，从而达到从各个角度观察模型的目的。

同样，可以用缩放按钮放大模型，达到观察模型细部的目的。

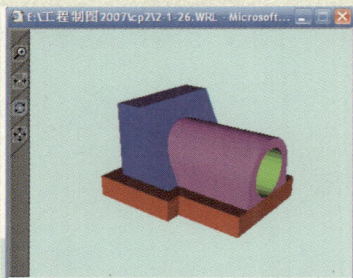

图 0-3-2 模型演示

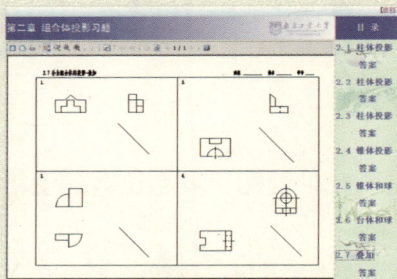

图 0-3-3 习题集

0.3.3 "DWF"习题讲解

在每个"章"的末尾设有各章的"习题"链接，单击"习题"链接可以进入单独的习题页面，如图0-3-3所示。

在窗口的上方依次排列有："Autodesk 主页"、"复制到剪贴板"、"打印"、"平移"、"缩放"、"矩形缩放"、"布满窗口"等16个操作按钮。

主要的操作方式为：

(1) 单击"平移"按钮，按下鼠标左键并移动鼠标，达到平移图形的目的。同时可以利用鼠标的滚轮上下滚动达到缩放图形的目的。

(2) 用"打印"按钮打印硬拷贝。

(3) 用"复制到剪贴板"传送图形到其他软件。

点击右边的菜单栏，可以在题目和答案之间进行切换，其链接的图形统一地在左边的窗口中显示。

第一章 制图基础

本章要点

● 绘图工具和仪器的使用方法
● 工程制图国家标准与基本规定
● 几何作图的方法
● 尺寸标注的表示方法
● 绘图的方法与步骤
● 徒手作图训练

1.1 绘图工具和仪器的使用方法

1.1.1 图板、丁字尺

图板为矩形木板，左侧面为引导丁字尺移动的导边。

使用时图纸用胶带纸固定在图板上，必须保持板面平坦，导边平直，不使其受潮、受热，避免磕碰。

丁字尺由尺身与尺头相互固定在一起，呈"丁"字形。

丁字尺主要用于画水平线和做三角板移动的导轨。使用时，尺头必须紧靠图板的左侧边。画水平线时铅笔沿尺身的工作边自左向右移动，同时铅笔与前进方向成75°左右的斜角，如图 1-1-1 所示。

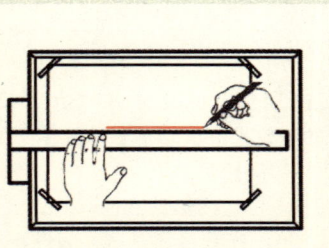

图 1-1-1 图板、丁字尺

1.1.2 三角板

三角板有两块，一块是两45°角的直角三角形，一块是30°和60°角的直角三角形。如图1-1-2所示。

（1）三角板与丁字尺配合使用，绘制垂直线。

（2）画与水平线成15°角的倾斜线。

（3）画平行线和垂直线。

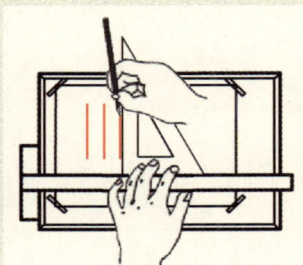

(a) 绘制铅垂线

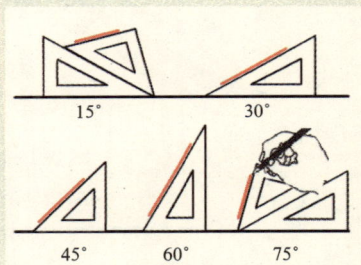

(b) 绘制斜线

(c) 绘制平行线

(d) 绘制垂直线

图1-1-2 三角板、丁字尺配合作图

1.1.3 比例尺

常见的比例尺如图1-1-3所示，这种比例尺又称三棱尺。

三个尺面共有六种常用的比例刻度。使用时，先要在尺上找到所需的比例，看清楚尺上每单位长度所表示的相应长度，即可按需在其上量取相应的长度作图。

　　若绘图比例与尺上的六种比例都不同，则选取尺上最方便的一种相近的比例折算量取。

　　这里需要提请注意的是：不要把比例尺当直尺用来画线，以免损坏尺面上的刻度。

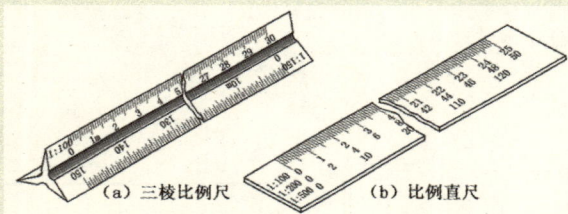

图 1-1-3(a)　比例尺

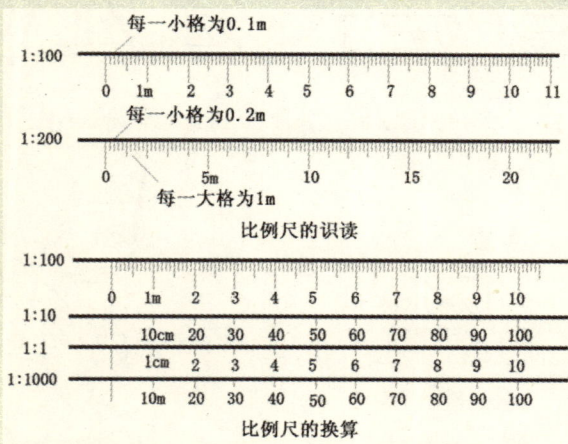

图 1-1-3(b)　比例尺识读与换算

1.1.4　圆规

　　圆规是画圆、圆弧的工具。

　　圆规的一条装铅芯插腿可以按需要换上墨水笔的接头，或与其它腿端附件配合使用。画图时要注意调整好两腿的关节，使钢针和插腿尽量能垂直纸面。圆规的使用方法如图 1-1-4 所示。

8

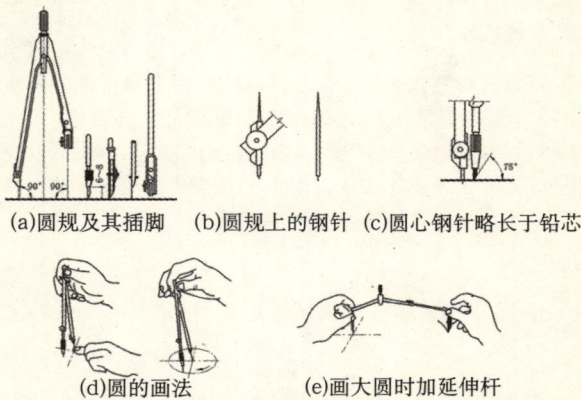

(a)圆规及其插脚　(b)圆规上的钢针　(c)圆心钢针略长于铅芯

(d)圆的画法　　　(e)画大圆时加延伸杆

图1-1-4　圆规的用法

1.1.5 分规

分规用以截取或等分线段(图1-1-5)。组合仪器使用圆规加针插脚代替。

使用时先调整两脚使其并拢后两尖对齐。从比例尺上量取长度时，切忌用尖刺入尺面。当量取若干段相等线段时，可令两个针尖交替地作为旋转中心，使分规沿着不同的方向旋转前进。当一线段为 n 等份时，先估计一等份的长度1并进行试分，如盈余量为 b，再用 $1+b/n$（或 $1-b/n$）进行试分。一般，试分2～3次即能完成。

(a) 量取长度

(b)等分线段

图1-1-5　分规用法

1.1.6 曲线板

曲线板分单式和复式两种。有时也可能复合在多功能三角板中。

作图时,首先徒手将一系列点(图1-1-6(a))依次连接成一光滑曲线(图1-1-6(b))。然后从曲线的一端开始,在曲线板上找出与该曲线吻合的一段,用铅笔沿曲线板将该段曲线加深,但不一次描完,留余少许,待再次与曲线板吻合后描深,以免各段衔接处不够光滑。

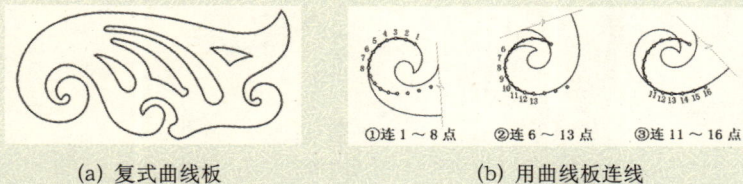

(a) 复式曲线板

①连 1～8 点　②连 6～13 点　③连 11～16 点

(b) 用曲线板连线

图 1-1-6 曲线板的使用方法

1.1.7 绘图笔

绘图笔分铅笔和墨水笔两类。

铅笔根据铅心的软硬度分成从 6B(软)到 6H(硬)多种型号。用于在白图纸上绘图。如图 1-1-7(a)所示。

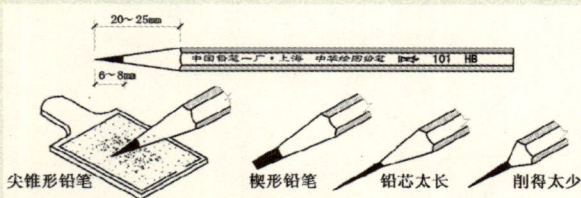

尖锥形铅笔　　楔形铅笔　　铅芯太长　　削得太少

图 1-1-7(a) 铅笔

绘图墨水笔用于描绘不同线宽的墨线。按照笔尖的粗细分成不同的型号。常用的有 0.2、0.3、0.4、0.5、0.6、0.7 等(图 1-1-7(b))。

绘图墨水笔用于在描图纸(硫酸纸)上描图。描图的目的是作为晒图机的底版用。由于绘图墨水笔的笔头为一针管,所以又称针管笔。

蘸水钢笔，用于手工描图时书写文字。如图 1-1-7(c)所示。

图 1-1-7(b) 绘图墨水笔

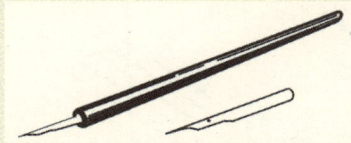

图 1-1-7(c) 蘸水钢笔

1.1.8 手工绘图机和建筑模板

为了提高绘图质量，加快绘图速度，手工绘图还有一些专门用途的绘图工具。其特点多为量画结合、多功能组合。如一字尺、多功能三角板、手工绘图机、建筑模板等等。如图 1-1-8 所示。

图 1-1-8(a) 手工绘图机

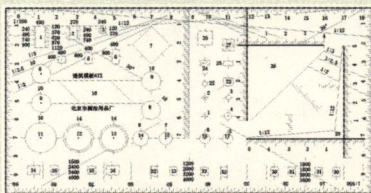

图 1-1-8(b) 建筑模板

1.1.9 辅助工具

橡皮：常用的有软硬两种。软的用于擦除铅笔图线，硬的用于擦除墨线，如图 1-1-9(a)所示。

擦图片：用于擦除图线时选择部分图线，使得橡皮只擦除所选部分，如图 1-1-9(b)所示。

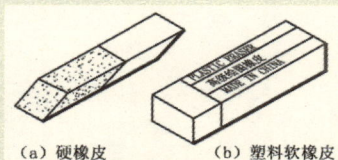

（a）硬橡皮　　　（b）塑料软橡皮

图 1-1-9(a) 橡皮

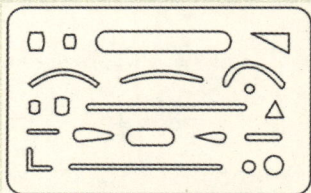

图 1-1-9(b) 擦图片

软毛刷：用于扫除橡皮屑，如图1-1-9(c)；砂皮板：用于磨削铅笔，如图1-1-9(d)所示。

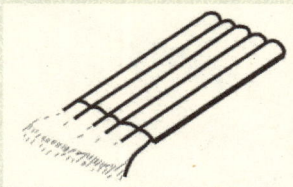

图1-1-9(c) 软毛刷

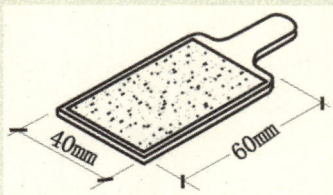

图1-1-9(d) 砂皮板

1.1.10 计算机绘图系统

随着计算机技术的日益发展,计算机辅助绘图(即通常所说的计算机绘图)正在使人们逐渐摆脱繁重的手工绘图,制图质量与效率有了根本性的提高。计算机绘图系统主要由主机、输入设备、输出设备、存储设备等硬件(图1-1-10)和计算机绘图软件等组成。具体内容将在第四章计算机绘图中介绍。

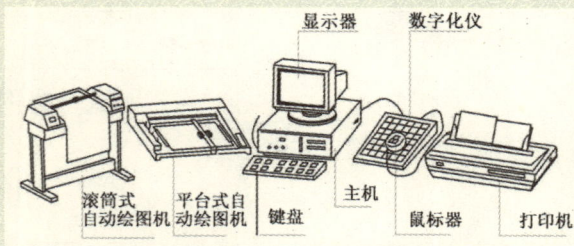

图1-1-10 计算机绘图设备

1.2 制图标准和基本规定

1.2.1 图纸格式

图纸幅面按大小不同分A0、A1、A2、A3、A4五种。幅面尺寸和图框尺寸应符合表1-2-1的规定:

尺寸代号	幅 面 代 号				
	A0	A1	A2	A3	A4
$b \times l$	811×1189	594×841	420×594	297×420	210×297
b	10			5	
a	25				

图纸幅面及图框尺寸 　　表1-2-1

图纸以短边作为垂直边称为横式，以短边作为水平边称为立式。

一般A0～A3图纸宜横式使用；必要时，也可立式使用。A4立式格式与前者不同。具体格式见图1-2-1。

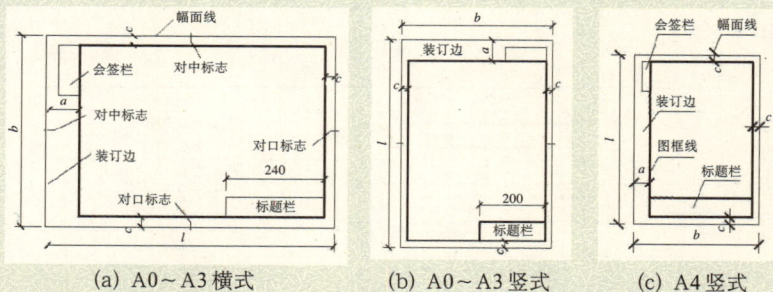

(a) A0～A3 横式　　　(b) A0～A3 竖式　　　(c) A4 竖式

图1-2-1 图纸格式

1.2.2 标题栏与会签栏

标题栏(简称图标)：主要应标明设计单位、工程名称、设计人员签名、图名与图号(图1-2-2)。

对于学生在学习阶段的制图作业，建议采用图1-2-3所示的图标。

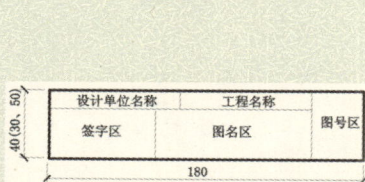

图1-2-2 标题栏

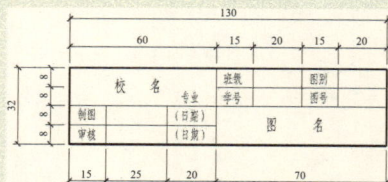

图1-2-3 制图作业的标题栏格式

会签栏：用于填写会签人员的姓名、会签人员所代表的专业、签字日期等。不需会签的图纸，可不设会签栏。学生作业无需画出会签栏(图1-2-4)。

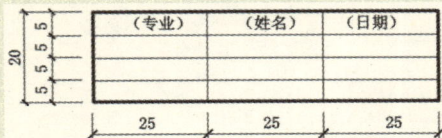

图1-2-4 会签栏

1.2.3 图线

图线线型有实线、虚线、单点长画线、双点长画线、折断线、波浪线等见表1-2-2。

线型 表1-2-2

名称		线型	线宽	一般用途
实线	粗		b	主要可见轮廓线
	中		$0.5b$	可见轮廓线
	细		$0.25b$	可见轮廓线、图例线等
虚线	粗		b	见有关专业制图标准
	中		$0.5b$	不可见轮廓线
	细		$0.25b$	不可见轮廓线、图例线等
单点长画线	粗		b	见有关专业制图标准
	中		$0.5b$	见有关专业制图标准
	细		$0.25b$	中心线、对称线等
双点长画线	粗		b	见有关专业制图标准
	中		$0.5b$	见有关专业制图标准
	细		$0.25b$	假想轮廓线、成型前原始轮廓线
折断线			$0.25b$	断开界线
波浪线			$0.25b$	断开界线

各种图线的画法如下图所示：

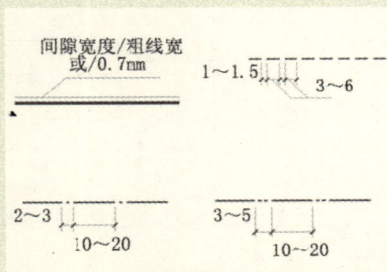

图1-2-5 各种图线画法

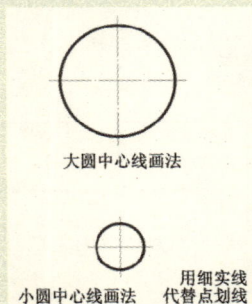

图1-2-6 圆定位轴线的画法

14

图 1-2-7 图线连接画法

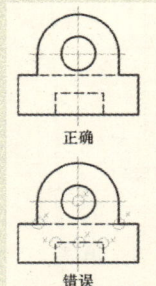

正确

错误

图 1-2-8 图线画法举例

1.2.4 字体

工程图纸上常用文字有汉字、阿拉伯数字、拉丁字母、有时也用罗马数字、希腊字母。图及说明的文字，应采用长仿宋体字，宽度与高度应符合表1-2-3。

长仿宋体字的宽度与高度（单位：mm）   表1-2-3

字 高	20	14	10	7	5	3.5
字 宽	14	10	7	5	3.5	2.5

14号字

图样是工程界的技术语言

10号字

字体工整 笔画清楚 间隔均匀 排列整齐

7号字

写仿宋字的要领：横平竖直 注意起落 结构均匀 填满方格

5号字

房屋建筑桥梁隧道水利枢纽结构设计施工建造生产工艺企业管理

图 1-2-9 汉字与字体

ABCDEFGHIJKLMN
OPQRSTUVWXYZ
abcdefghijklmn
opqrstuvwxyz
0123456789

图 1-2-10 字母和数字字体

1.2.5 比例

图样中图形与实物相对应的线性尺寸之比，称为比例。

绘图所用比例应根据图样的用途与被绘对象的复杂程度，从表1-2-4中选用。

15

	绘图比例 表1-2-4	

常用比例	1:1 1:2 1:5 1:10 1:20 1:50 1:100 1:150
	1:200 1:500 1:1000 1:2000, 1:5000 1:10000
	1:20000 1:50000 1:100000 1:200000
可用比例	1:3 1:4 1:6 1:15 1:25 1:30 1:40 1:60
	1:80 1:250 1:300 1:400 1:600

1.3 几何作图

1.3.1 按坡度画斜线

斜线的坡度是指直线上任两点间线段的竖直分量与水平分量长度之比。如图1-3-1所示，作1:5的坡度线。标注坡度时，应加注坡度符号"⤛"。此为单面箭头，指向下坡方向。

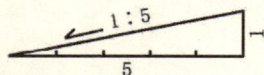

竖直分量1单位长、水平分量5单位长
所确定的斜边其方向即为1:5的坡度

图1-3-1 坡度作1:5的斜线

1.3.2 直线的等分

等分线段的做法如图1-3-2和图1-3-3所示。

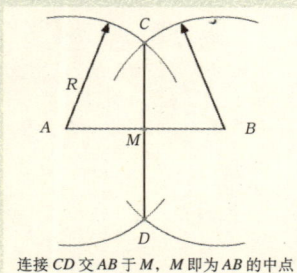

连接CD交AB于M，M即为AB的中点

图1-3-2 直线二等分

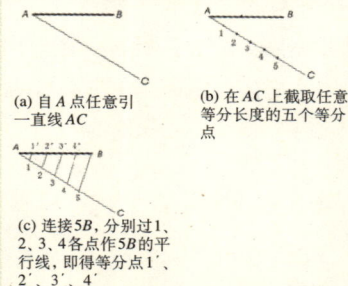

(a) 自A点任意引一直线AC

(b) 在AC上截取任意等分长度的五个等分点

(c) 连接5B，分别过1、2、3、4各点作5B的平行线，即得等分点1′、2′、3′、4′

图1-3-3 直线五等分

1.3.3 圆的等分

圆的等分做法如图 1-3-4 至图 1-3-7 所示。

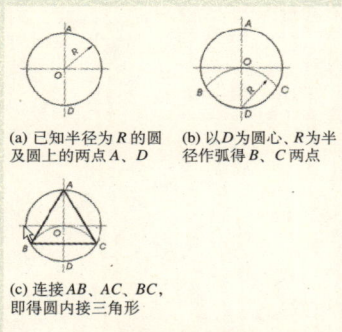

(a) 已知半径为 R 的圆
及圆上的两点 A、D

(b) 以 D 为圆心、R 为半
径作弧得 B、C 两点

(c) 连接 AB、AC、BC，
即得圆内接三角形

图 1-3-4 圆的三等分

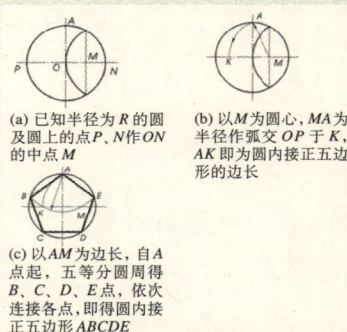

(a) 已知半径为 R 的圆
及圆上的点 P、N 作 ON
的中点 M

(b) 以 M 为圆心，MA 为
半径作弧交 OP 于 K，
AK 即为圆内接正五边
形的边长

(c) 以 AM 为边长，自 A
点起，五等分圆周得
B、C、D、E 点，依次
连接各点，即得圆内接
正五边形 ABCDE

图 1-3-5 圆的五等分

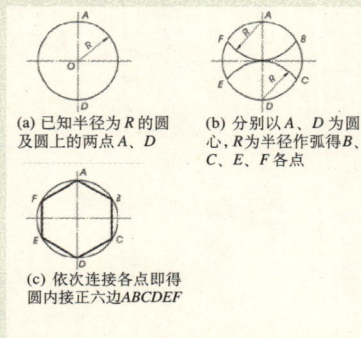

(a) 已知半径为 R 的圆
及圆上的两点 A、D

(b) 分别以 A、D 为圆
心、R 为半径作弧得 B、
C、E、F 各点

(c) 依次连接各点即得
圆内接正六边 ABCDEF

图 1-3-6 圆的六等分

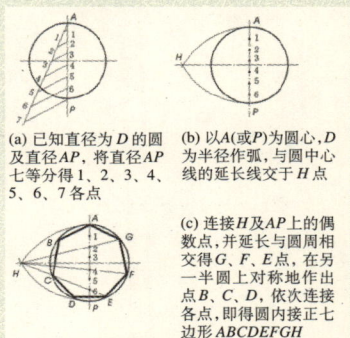

(a) 已知直径为 D 的圆
及直径 AP，将直径 AP
七等分得 1、2、3、4、
5、6、7 各点

(b) 以 A(或 P)为圆心，D
为半径作弧，与圆中心
线的延长线交于 H 点

(c) 连接 H 及 AP 上的偶
数点，并延长与圆周相
交得 G、F、E 点，在另
一半圆上对称地作出
点 B、C、D，依次连接
各点，即得圆内接正七
边形 ABCDEFGH

图 1-3-7 圆的七等分

1.3.4 用圆弧光滑连接直线和圆弧

用圆弧光滑连接直线和圆弧做法如图 1-3-8 至图 1-3-12 所示。

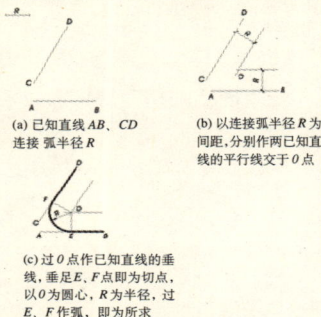

(a) 已知直线 AB、CD 连接 弧半径 R

(b) 以连接弧半径 R 为间距，分别作两已知直线的平行线交于 O 点

(c) 过 O 点作已知直线的垂线，垂足 E、F 点为切点，以 O 为圆心，R 为半径，过 E、F 作弧，即为所求

图 1-3-8 两直线

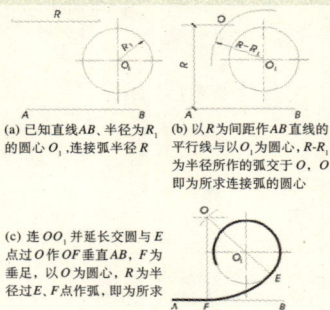

(a) 已知直线 AB、半径为 R 的圆心 O_1，连接弧半径 R

(b) 以 R 为间距作 AB 直线的平行线与以 O_1 为圆心，$R-R_1$ 为半径所作的弧交于 O，O 即为所求连接弧的圆心

(c) 连 OO_1 并延长交圆与 E 点过 O 作 OF 垂直 AB，F 为垂足，以 O 为圆心，R 为半径交 E、F 点作弧，即为所求

图 1-3-9 直线与圆弧

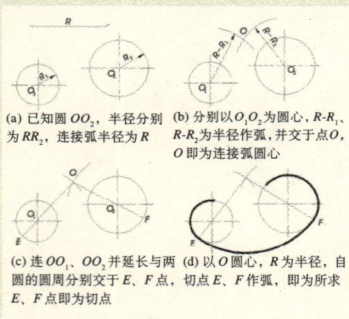

(a) 已知圆 OO_2，半径分别为 RR_2，连接弧半径为 R

(b) 分别以 O_1O_2 为圆心，$R-R_1$、$R-R_2$ 为半径作弧，并交于点 O，O 即为连接弧圆心

(c) 连 OO_1、OO_2 并延长与两圆的圆周分别交于 E、F 点，E、F 点为切点

(d) 以 O 圆心，R 为半径，自切点 E、F 作弧，即为所求

图 1-3-10 两圆弧-内切

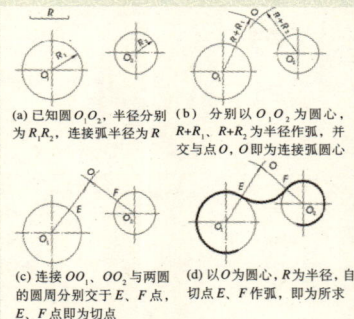

(a) 已知圆 O_1O_2，半径分别为 R_1R_2，连接弧半径为 R

(b) 分别以 O_1O_2 为圆心，$R+R_1$、$R+R_2$ 为半径作弧，并交与点 O，O 即为连接弧圆心

(c) 连接 OO_1、OO_2 与两圆的圆周分别交于 E、F 点，E、F 点即为切点

(d) 以 O 圆心，R 为半径，自切点 E、F 作弧，即为所求

图 1-3-11 两圆弧-外切

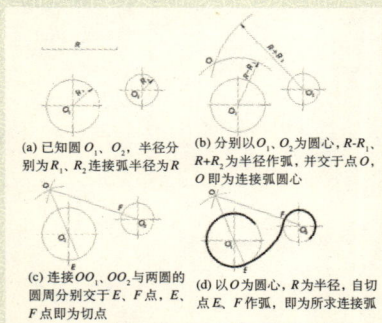

(a) 已知圆 O_1、O_2，半径分别为 R_1、R_2 连接弧半径为 R

(b) 分别以 O_1、O_2 为圆心，$R-R_1$、$R+R_2$ 为半径作弧，并交于点 O，O 即为连接弧圆心

(c) 连接 OO_1、OO_2 与两圆的圆周分别交于 E、F 点，E、F 点即为切点

(d) 以 O 圆心，R 为半径，自切点 E、F 作弧，即为所求连接弧

图 1-3-12 两圆弧-内外切

18

1.3.5 画椭圆

椭圆画法如图 1-3-13 和图 1-3-14 所示。

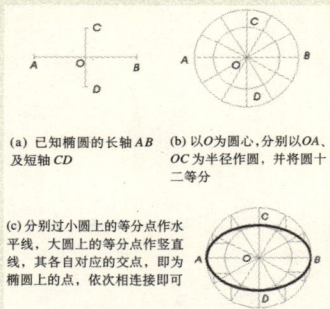

(a) 已知椭圆的长轴 AB 及短轴 CD

(b) 以 O 为圆心，分别以 OA、OC 为半径作圆，并将圆十二等分

(c) 分别过小圆上的等分点作水平线，大圆上的等分点作竖直线，其各自对应的交点，即为椭圆上的点，依次相连接即可

图 1-3-13 同心圆画椭圆

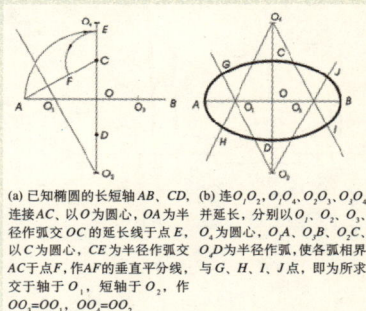

(a) 已知椭圆的长轴 AB、CD，连接 AC，以 O 为圆心，OA 为半径作弧交 OC 的延长线于点 E，以 C 为圆心，CE 为半径作弧交 AC 于点 F，作 AF 的垂直平分线，交于轴于 O_1，短轴于 O_2，作 $OO_3=OO_1$，$OO_4=OO_2$

(b) 连 O_1O_2、O_1O_4、O_3O_2、O_3O_4 并延长，分别以 O_1、O_2、O_3、O_4 为圆心，O_1A、O_2B、O_2C、O_2D 为半径作弧，使各弧相界于 G、H、I、J 点，即为所求

图 1-3-14 四圆弧画椭圆

1.4 尺寸标注

1.4.1 尺寸标注四要素

尺寸界线指明拟注尺寸的边界，用细实线绘制，引出端有 2mm 以上的间隔，末端则超出尺寸线约 2～3mm。

注：图形的轮廓线、轴线、中心线都可以作为尺寸界线使用。一般情况下，线性尺寸界线应与标注的长度方向垂直；角度尺寸界线应沿径向引出。

尺寸线画在两尺寸界线之间，用来注写尺寸，用细实线绘制。对于线性尺寸，尺寸线应与被注长度方向平行；对于角度尺寸，尺寸线应画成圆弧，圆弧的圆心是该角的顶点。如图 1-4-1 所示。

注：图形轮廓线、轴线、中心线、另一尺寸的尺寸界线（包括它们的延长线）都不能作为尺寸线使用。

尺寸起止符号画在尺寸线两端与尺寸界线的交点处。对于线性尺寸，建筑工程图上起止符号是用中粗线绘制的短斜线，其倾斜方向应与尺寸界线成顺时针 45°角，长度宜为 2～3mm。对于其它类型的尺寸则使用实心箭头作为尺寸的起止符号，如图 1-4-2 所示。

尺寸数字表示物体的真实大小，与画图用的比例无关。尺寸的单位，对于线性尺寸除标高及总平面图以米为单位外，其余均为毫米，并且不标注。

　　注：任何图线不得穿过数字，必要时可将其他图线断开，空出写尺寸数字的区域（线让字）。

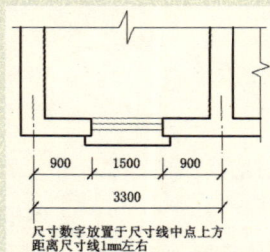

尺寸数字放置于尺寸线中点上方
距离尺寸线1mm左右

图1-4-1 尺寸样式

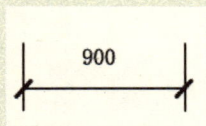

(a) 线性起止符号　　(b) 箭头起至符号

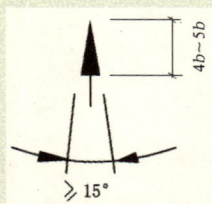

图1-4-2 起止符号

1.4.2 线性尺寸标注的排列与布置

　　布置尺寸应整齐、清晰，便于阅读。为此，尺寸应尽量注写在图形轮廓线以外，不宜与图线、文字及符号等相交（图1-4-3）。对于互相平行的尺寸线，应从被标注的图形轮廓线起由近向远整齐排列，小尺寸靠内，大尺寸靠外。内排尺寸距离图形轮廓线不宜小于10mm，平行排列的尺寸线之间，应保持7～10mm的距离。

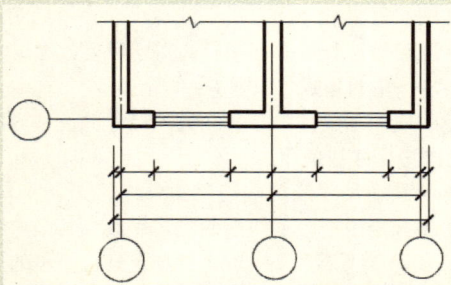

图1-4-3 线性尺寸排列

1.4.3 半径、直径、球、角度、弧长、弦长的尺寸标注

半径、直径、球、角度、弧长、弦长的尺寸标注如图1-4-4至图1-4-5所示。

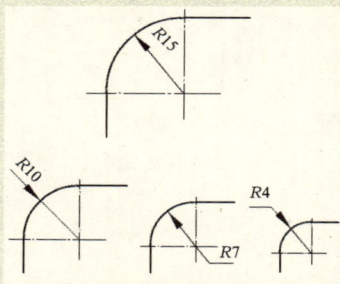

图1-4-4(a) 半径标注

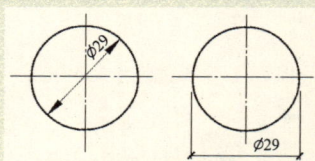

图1-4-4(b) 直径标注

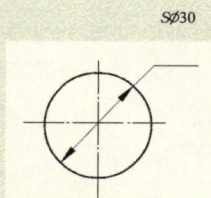

图1-4-4(c) 球标注

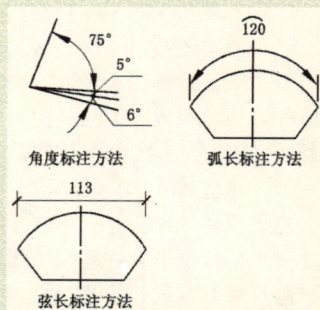

图1-4-5 角度、弧长、弦长标注

1.4.4 常见标注错误

图1-4-6至图1-4-7给出了初学者容易出现的几种错误标注。

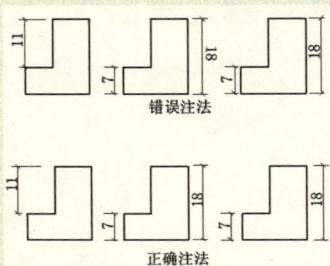

图 1-4-6 线性尺寸标注错误

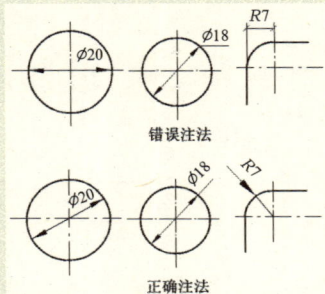

图 1-4-7 非线性尺寸标注错误

1.5 绘图方法和步骤

以手工绘制图样，一般均要借助绘图工具和仪器。要使作图正确、快速，就必须先认真地分析图形各部分的形状，线段的性质和尺寸，正确地使用绘图工具和仪器，按下述步骤绘图，如图 1-5-1。

（1）固定图纸，画图框线及标题栏

将图纸固定于图板的左下方，图纸的水平边与丁字尺的工作边平行，图框的底边与图板底边间的距离大于丁字尺的尺宽，按对角线方向用胶带平整地固定图纸。然后画上图框线及标题栏。

（2）画底稿

削尖铅笔，准备好三角板、圆规等绘图工具和仪器后，根据选用的绘图比例来估计图形及注写尺寸需占用的面积，安排好画面。用轻、淡的图线先画尺寸基准线，再逐步画出图形。画图形的一般顺序是：先画对称线、中心线，然后画主要轮廓线、细部图形线，最后画尺寸界线、尺寸线。如有圆弧连接，则应先画已知线段，再画中间线段，最后画连接线段，图中的尺寸数字和说明在画底稿时可以不注写，待以后铅笔加深或上墨时直接注写，但必须在底稿上用轻、淡的细线画出注写的数字的字高线和仿宋字的格子线。

（3）校对，修正

仔细校对所画的底稿。改正错误和缺点，擦去多余的线条。

（4）铅笔加深或上墨

铅笔加深或上墨的图线线型要遵守 GB ／ T50001 — 2001 的规定，粗细分明。铅笔加深一般分别用 B、HB、H 或 2H 铅笔加深图形中的粗、中、细三档线宽的线型。上墨是将描图纸蒙盖在底稿上，顺对角线方向用胶带平整地固定住，再选用相应线宽的绘图墨水笔描图。加深或上墨宜先左后右、先上后下、先曲后直，分批进行。

（5）复核

复核已完成的图纸，发现错误和缺点，应该立即改正。如果在上墨图中发现描错或染有小点墨污需要修改时，要待它全干后．在纸下垫上硬板，再用锋利的刀片轻刮，直至刮净。

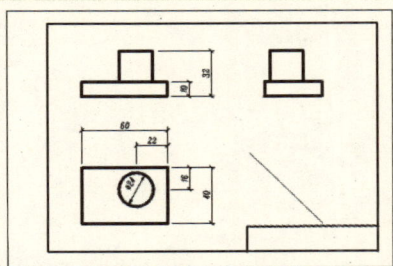

图 1-5-1 绘图步骤

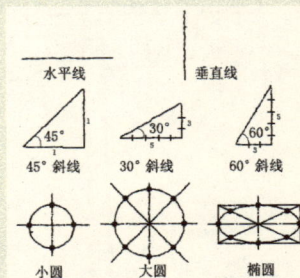

图 1-6-1 徒手作图

1.6 徒手作图

不用绘图仪器和工具，而以目估比例的方法画图，称为徒手作图。如图 1-6-1。

（1）直线的徒手画法

画水平线和竖直线时，执笔不宜过紧、过低。画短线时，图纸可以放得稍斜，对于固定的图纸，则可适当调整身体位置。徒手画竖直线时，应自上往下画。图线宜一次画成，对于较长的直线，可以分段画出。

（2）斜线的徒手画法

画与水平线成 30°、45°、60° 等特殊角的斜线，按两直角边的近似比例关系，定出两端点后连接画出，也可以采取近似等分圆弧的方法画出。

（3）圆的徒手画法

画小圆时，应先画中心线上目测半径长度定出四个点，然后分左右两个半圆弧，左右半圆都是从上向下画。

画较大的圆时，先画中心线，再过圆心增画两条45°线，在中心线和45°斜线上目测半径长度定出八个点，然后，从上向下分别画左半圆和右半圆。

（4）椭圆的画法

已知长、短轴画椭圆时，应先画长、短轴，确定椭圆中心，再在长、短轴上目测长、短轴的一半长度定出四个点；然后过这四个点分别作长、短轴的平行线，画出一个矩形，连矩形的对角线，在四段半对角线上，按目估从角点向中心取3：7的分点；最后，将作出的长、短轴上的四个点和对角线上的四个分点顺序连成椭圆。

第二章 组合体投影

本章要点
- 组合体投影图的画法
- 组合体投影图的标注
- 组合体投影图的读法

2.1 组合体投影图的画法

2.1.1 基本组合体的画法

工程形体一般较为复杂，为了便于识读、把握它的形状，常采用几何抽象的方法，把复杂形体看成是由一些基本几何体，如柱类、锥类、台类、球类等四种类型组成。

（1）柱类投影的画法

柱类主要分为棱柱与圆柱两种类型。

棱柱：有两个互相平行的多边形底面，其余的面称为棱柱的侧面，相邻两个棱面的交线，称为棱线，棱线互相平行。

圆柱：由圆柱面和两个底平面围成的圆柱体。

投影特性：侧面的投影为矩形形状，除外轮廓外，内部棱线的投影为同

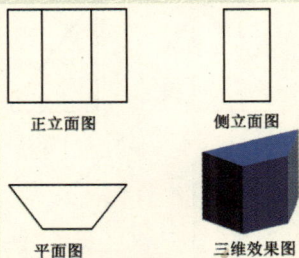

图 2-1-1 柱体投影特性

正立面图　　　侧立面图

平面图　　　三维效果图

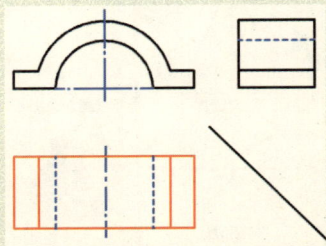

图 2-1-2 求拱形柱体的平面图

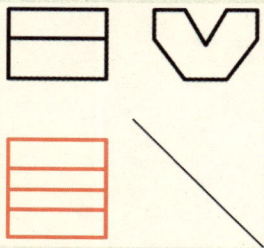

图 2-1-3 求 V 形柱体的平面图

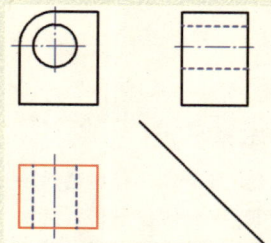

图 2-1-4 求带圆孔柱体的平面图

一方向的平行线（此特性我们形象化地称之为"日"形特征）。底面的投影决定了柱体的形状。（如底面是四边形，则为四棱柱；底面是圆，则为圆柱）

（2）锥类投影的画法

锥体：是由圆的或其它封闭平面基底以及由此基底边界上各点连向一公共顶点的线段所形成的面所限定的立体。锥类主要分为棱锥和圆锥两种类型。

棱锥：有一个多边形底面，其余各面是有一个公共顶点的三角形，称为棱锥的侧面。

圆锥：由底圆平面和圆锥面围成的立体。

投影特性：侧面的投影为三角形形状，除外轮廓外，内部棱线的投影相交于同一顶点（此特性我们形象化地称之为"⚠"形特征）。底面的投影决定了锥体的形状（如底面是四边形，则为四棱锥；底面是圆，则为圆锥）。

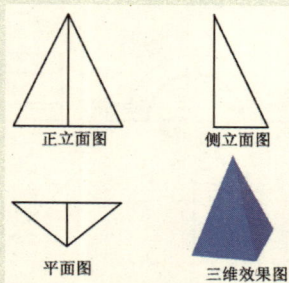

图 2-1-5 锥体投影特性

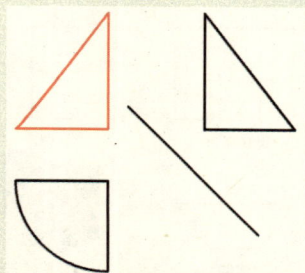

图 2-1-6 求 1/4 圆锥的正立面图

26

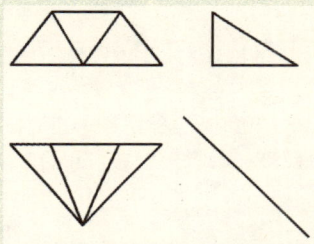

图 2-1-7 求梯形四棱锥的平面图

图 2-1-8 求斜四棱锥的平面图图

（3）台类投影的画法

台体分为棱台和圆台，它们可视为是棱锥和圆锥被平行于底面的平面切割后所得的几何体。

投影特性：侧面的投影为梯形形状，除外轮廓外，内部棱线的投影延长后相交于同一顶点（此特性我们形象化地称之为"⚟"形特征）。底面的投影为叠合的多边形或圆形。底面的形状决定了台体的形状。（如底面是四边形，则为四棱台；底面是圆，则为圆台）

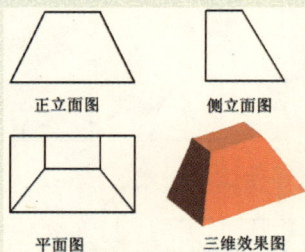

正立面图　　　　侧立面图

平面图　　　三维效果图

图 2-1-9 台体投影特性

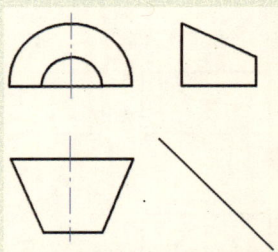

图 2-1-10 求半圆台平面图

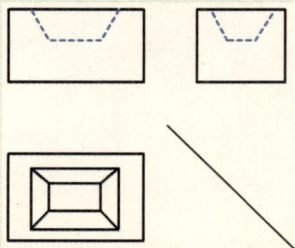

图 2-1-11 求四棱台槽形的侧立面图

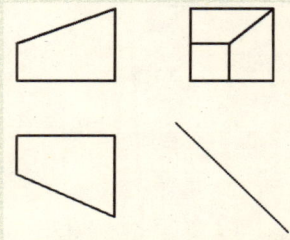

图 2-1-12 求横放四棱台的平面图

(4) 球类投影的画法

当母线围绕它的直径旋转180°,所形成的回转面是球面,球面所围成的立体就是球体。

球的三面投影都是直径与球的直径相等的圆,圆心分别是球心的投影。

投影特性:球或球缺的投影关键是确定球心的投影位置,开始时画出整圆,然后取其所需部分。

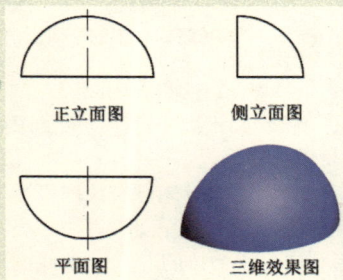

图 2-1-13 球体投影特性

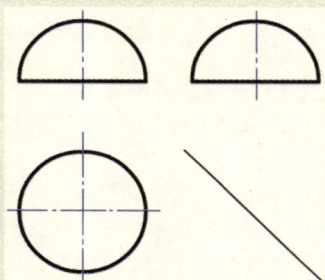

图 2-1-14 求半球的侧立面图

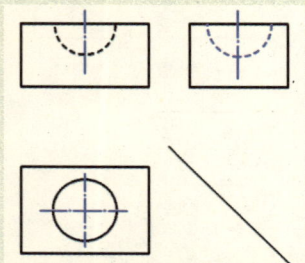

图 2-1-15 求球形槽的正立面图

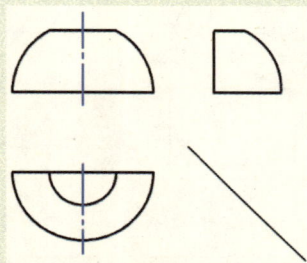

图 2-1-16 求被切半球的侧立面图

2.1.2 组合体的画法

由基本几何体经过加工、组合构造出来的形体,称为组合体。

分析组合体的形成方法,叫形体分析。

按照组合的方式不同分为:叠加、切割、相交等三类。

(1) 叠加

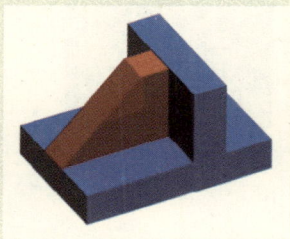

图 2-1-17 叠加型组合方式

图 2-1-18 两个半圆台和梯形棱柱

图 2-1-19 两个棱柱和棱台

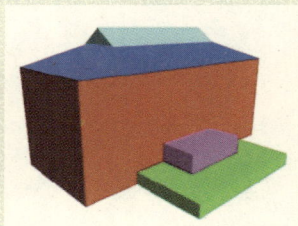

图 2-1-20 四个棱柱和棱台

(2) 切割

切割型组合是由基本几何体被一些平面或曲面切割形成的。

切割型组合体的绘图方法是先找出满足条件的主形体，以基本几何体为蓝本，在此基础上经过切割形成所需的组合体投影。

关键点在于被切割的主体和切割掉的部分，都应该是基本几何体的形状。画图时利用基本几何体的投影特性进行形体分析来作图。

当形体比较复杂时，需采用线面分析法来作图。即：先将平行于投影面的面画出，再画垂直于投影面的面，最后画倾斜的面。在画垂直面和倾斜面的时候要充分利用同素性原理来指导连线的方式（如四边形的投影还是四边形，曲线的投影还是曲线等）。

图 2-1-21 切割型组合方式

图 2-1-22 圆柱和棱柱切割

图 2-1-23 两梯形棱柱切割

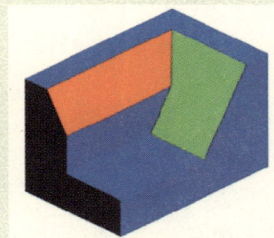

图 2-1-24 棱台和棱柱切割

(3) 相交

相交型组合是由基本几何体连接而成的,其表面之间可能产生交线(截交线或相贯线)。

此类组合体的作图要点是体与体结合部的交线。先画投影面平行面上的交线,再画投影面垂直面或倾斜面上的交线。和切割类相似,当交线位于投影面垂直面或倾斜面上时,要充分利用同素性原理指导连线。

当相交后两个面位于同一平面上时,原来的边界线重叠部分将会融合,不应画线。另外在平面与曲面相切处也不应画线。

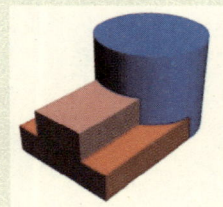

图 2-1-25 相交型组合方式

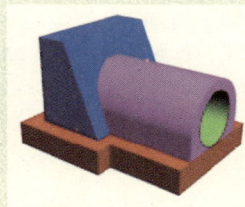

图 2-1-26 棱柱和圆柱相交

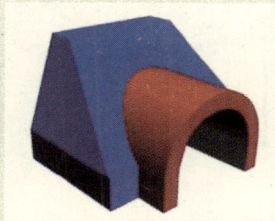

图 2-1-27 棱台、棱柱和圆柱相交

图 2-1-28 棱柱和棱柱相交

2.2 组合体的尺寸注法

2.2.1 标注组合体尺寸的基本要求

如同对单纯的平面体、曲面体标注尺寸一样，在组合体的三视图上标注尺寸同样要符合以下基本要求：

(1)必须严格遵守制图标准中有关尺寸注法的规定(详见第一章)。

(2)尺寸配置齐全，应能完全确定形体的形状和大小，既不缺少尺寸，也不应有不合理的多余尺寸。

(3)尺寸标注清晰，布置得当，便于看图。

2.2.2 尺寸的分类

描述组成物体的各基本几何体的形状和大小的尺寸称为定形尺寸。

反映组合体中各基本几何体之间相对位置关系或截平面位置的尺寸称为定位尺寸。

物体的总长度，总宽度和总高度称为总体尺寸。

在标注定位尺寸时，需要注意以下几点：

(1)基本立体之间，在左右，上下和前后三个方向上的相互位置都需要确定；

(2)棱柱的位置用其棱面确定；

(3)处于对称位置的基本立体，通常需注出它们相互间的距离；

(4)当基本立体的轴线位于物体的对称平面上时，相应的定位尺寸可以省略。

2.2.3 基本几何体的定形尺寸标注

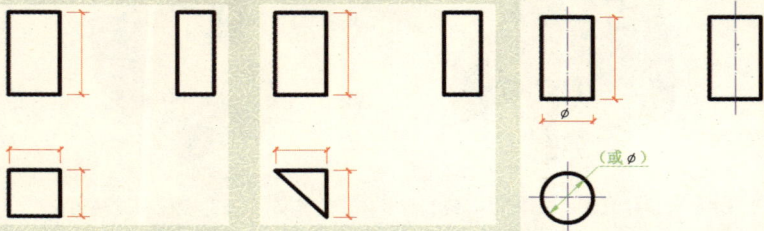

(a) 长方体尺寸标注   (b) 三棱柱尺寸标注   (c) 圆柱尺寸标注

图 2-2-1 柱体定形尺寸标注

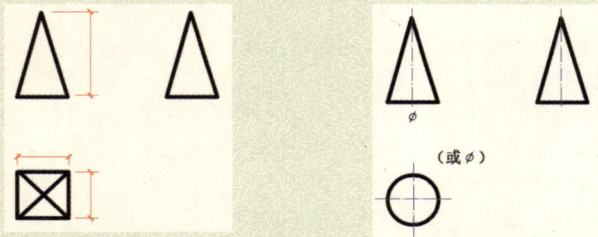

(a) 四棱锥尺寸标注   (b) 圆锥尺寸标注

图 2-2-2 锥体定形尺寸标注

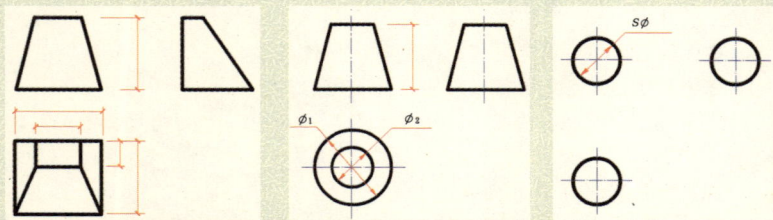

(a) 棱台尺寸标注   (b) 圆台尺寸标注

图 2-2-3 台体定形尺寸标注   图 2-2-4 球体定形尺寸标注

2.2.4 组合体的定位尺寸标注

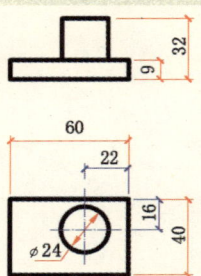

图 2-2-5 旋转体的
定位尺寸

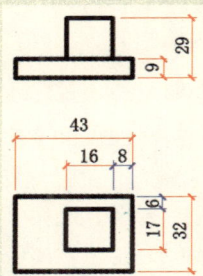

图 2-2-6 平面体的定
位尺寸

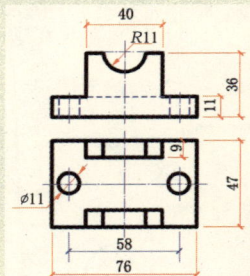

图 2-2-7 对称形体的定
位尺寸

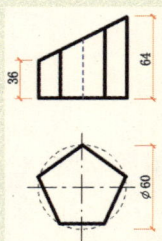

（a）棱柱体切口

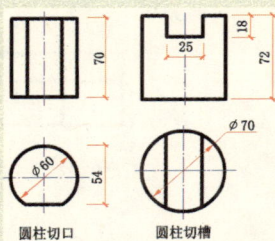

（b）圆柱体切口

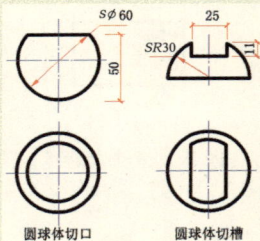

（c）圆球体切口

图 2-2-8 截平面的定位尺寸

2.2.5 尺寸的标注位置

确定了组合体应标注哪些尺寸后，就应考虑将这些尺寸注写在什么地方。这时遵循的原则是使尺寸标注清晰，布置得当，便于阅读和查找。注意以下几点：

（1）某个部位的尺寸应尽可能将其标注在反映该部位形状特征最明显的那个视图上。

（2）为使图形清晰，一般应将尺寸注在图形轮廓以外；但为了便于查找，对于图内的某些细部，其尺寸也可酌情注在图形内部。

（3）尺寸布局应相对集中，并尽量安排在两视图之间的位置。

（4）尺寸排列要整齐，大尺寸排在外边，小尺寸排在里面，各尺寸线之间的间隔应大致相等，约为7～10mm。

（5）尽量避免在虚线上标注尺寸。

2.2.6 组合体尺寸标注示例

以下是组合体尺寸标注示例，如图2-2-9和图2-2-10所示。

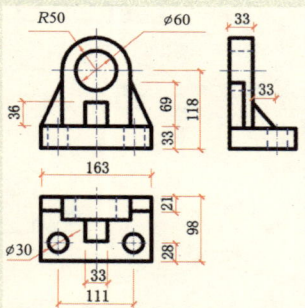

图2-2-9 总体尺寸标注特例　　　　　图2-2-10 组合体标注示例

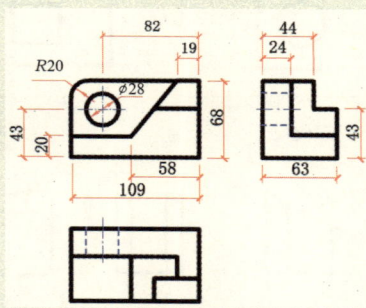

2.3 组合体投影图的读法

根据给出的视图想象形体的空间形状，简称读图。读图是边看图、边想象的思维过程。由于人们对事物思维方式的差异，读图不存在一条简单的通用方法。一般来说，读图能力的基础，一是要熟练掌握投影原理，二是要有丰富的知识储备。本节只是讲述读图的一些基本原则。

2.3.1 读图方法

（1）联系各个视图阅读，综合想象物体的形状。

（2）对闭合线框进行投影分析，并充分利用形体分析法从中分析出基本几何体的投影。

（3）视图中线条和线框的实际意义，对结合部线条进行线面分析，分析出截交线和相贯线的投影。

2.3.2 读图举例

【例2-1】试想出图2-3-1所示物体的形状。

【解】单独考察每个部分，不难想象出第一部分是一个长方体底板，其上有两个小圆孔；第二部分是一个带有半圆形缺口的梯形棱柱；第三部分是一个空心圆柱。

【例2-2】试想出图2-3-2所示物体的形状。

【解】根据正面图和平面图，可以看出该物体由左右两部分组合而成：左边部分可以看作是一个长方体被一个正垂面和两个铅垂面切割形成的；右边部分是一个半圆柱和一个梯形棱柱组成的圆端型水平板，并贯穿了一个圆柱孔。

【例2-3】试想出图2-3-3所示物体的形状。

【解】根据投影关系，可以把该物体分解为下、中、上三个部分：下边部分是一个长方体底板；中间部分是一个梯形棱柱，其上贯通了两个圆柱孔；上边部分为一个五边形棱柱。孔的背面是两个椭圆，它们是侧垂面切割圆柱面形成的，平面图上应按求交线的方法作出。

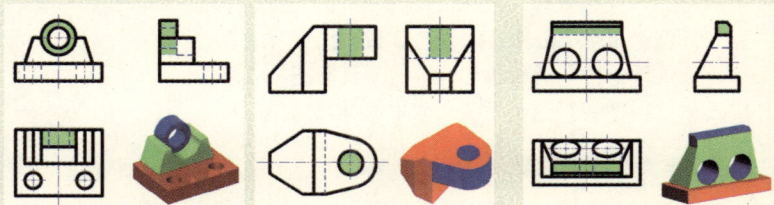

图 2-3-1 棱柱和圆柱叠加　　图 2-3-2 棱柱和圆柱截切　　图 2-3-3 棱柱和棱台截切

第三章 图样画法

本章要点
- 基本视图的形成和表达
- 特殊视图的形成和表达
- 剖面图的种类和表达方法
- 断面图的种类和表达方法
- 剖面图和断面图的尺寸标注方法

3.1 基本视图

在工程制图中，运用已学过的画法几何中的直接正投影法，以观察者处于无限远处的视线来代替正投影中的投射线，将工程形体向投影面作正投影时，所得到的图形称为视图。因此，工程制图中的视图就是画法几何中的正投影图，画法几何中有关正投影的投影特性均适用于视图。

3.1.1 三面投影视图

平面图：相当于画法几何中的 H 投影图；

正立面图：相当于画法几何中的 V 投影图；

左侧立面图：相当于画法几何中的 W 投影图。

3.1.2 六面投影视图

由平面图、正立面图、左侧立面图、底面图、背立面图、右侧立面图组成的视图组称为六面投影视图。

3.1.3 三面视图之间的投影联系规律

正立面图和平面图——长对正；

正立面图和左侧立面图——宽相等；

正立面图和左侧立面图——高平齐。

六面视图之间的投影联系规律和三面视图的联系相对应。

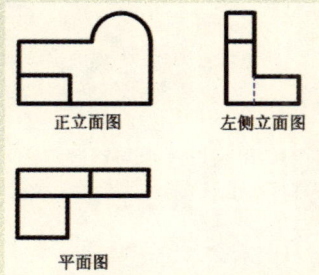

正立面图　　　左侧立面图

平面图

图 3-1-1　三面视图

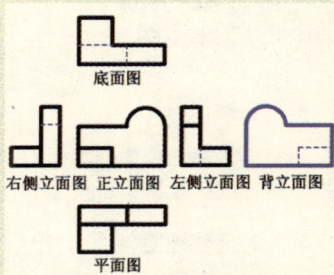

底面图

右侧立面图　正立面图　左侧立面图　背立面图

平面图

图 3-1-2　六面视图

3.1.4　投影视图中的方位关系

反映左右关系的视图有：平面图、正立面图、底面图、背立面图；

反映前后关系的视图有：平面图、左侧立面图、底面图、右侧立面图；

反映上下关系的视图有：正立面图、左侧立面图、背立面图、右侧立面图。

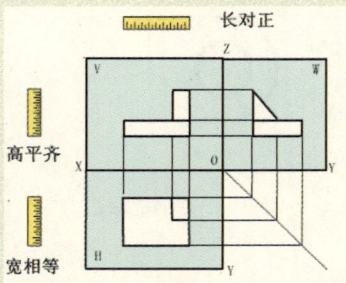

长对正

高平齐

宽相等

图 3-1-3　三面视图的投影关系

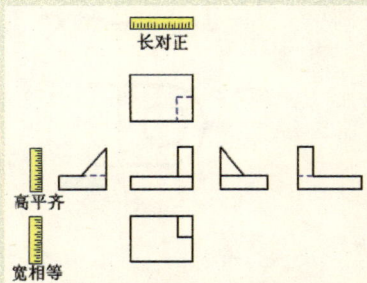

长对正

高平齐

宽相等

图 3-1-4　六面视图的投影关系

3.2 特殊视图

3.2.1 斜视图

当物体的某一个面倾斜于基本投影面时，可加设一个与该倾斜面平行的投影面并进行投影，所得到的视图称为斜视图。

3.2.2 局部视图

把物体的某一部分向基本投影面投影，所得到的视图称为局部视图。

局部视图用箭头表示观看方向，并注写上字母，在相应的局部视图上注写"A 向"两字。

当局部视图按投影关系配置，中间又没有其它图形隔开时，可省略注写。

局部视图的边界线以波浪线或折断线表示。但当所示部分的局部结构是完整的，且外轮廓线又成封闭时，则不需画上波浪线或折断线。

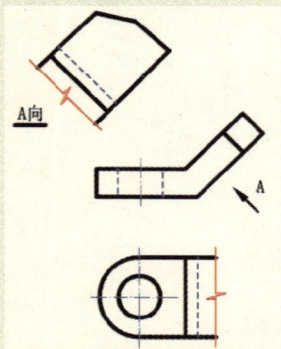

图 3-2-1 斜视图

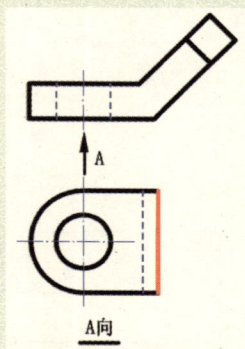

图 3-2-2 局部视图

3.2.3 镜像视图

把镜面放在物体的下面，代替水平投影面，在镜面中反射得到的图像，则称为"平面图（镜像）"。

3.2.4 展开视图

平面形状曲折的建筑物，可绘制展开立面图。

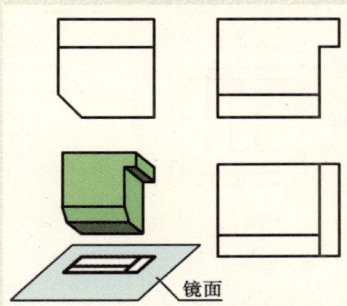

图 3-2-3 镜像视图

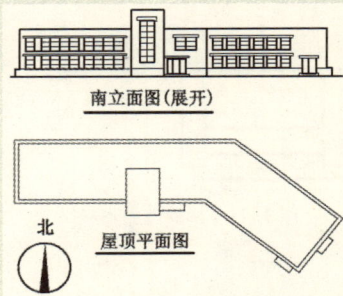

图 3-2-4 展开视图

3.3 剖面图

3.3.1 剖面图的形成

用一个平面作为剖切平面，假想把形体切开，移去观看者与剖切平面之间的形体后所得到的形体剩下部分的视图，称为剖面图，简称剖面，如图 3-3-1 所示。

3.3.2 全剖面图

沿剖切面把物体全部剖开后，画出的剖面图称为全剖面图。

全剖面图用于表达外形不对称的物体。

全剖面图根据剖切平面的数量和相对位置的不同，可分为：单一剖切面全剖面图简称全剖面图、平行剖面图、相交剖面图三种，如图 3-3-2 至图 3-3-4所示。

3.3.3 半剖面图

一幅由基本视图和剖面图各占一半的视图称为半剖面图。

当物体具有对称平面，则沿对称平面方向观看物体时，所得到的视图或剖面图亦均对称。因而可以以对称线为界，一半为基本视图，另一半为

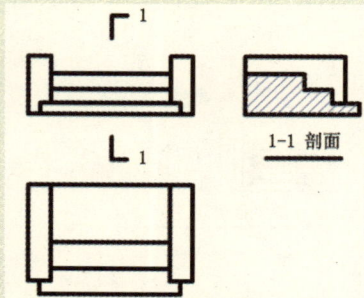

图 3-3-1 剖面图的形成

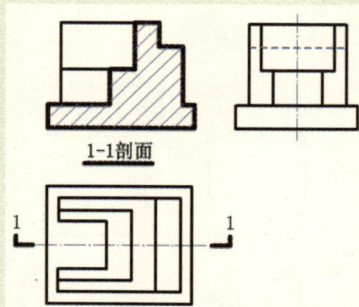

图 3-3-2 全剖面图

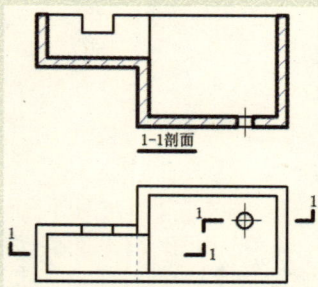

图 3-3-3 平行剖面图

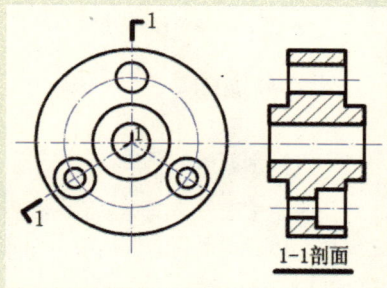

图 3-3-4 相交剖面图

剖面图。同时显示物体的内外情况。

对称线用细单点划线表示,如图 3-3-5 所示。

3.3.4 局部剖面图

物体被局部地剖切后得到的剖面图,称为局部剖面图。

局部剖面图适用于仅有一小部分需要剖面图表示的场合。

局部剖面图的大部分仍为基本视图,故仍用原来的视图名称,且不标注剖切符号。基本视图与局部剖面之间用波浪线分界,如图 3-3-6 所示。

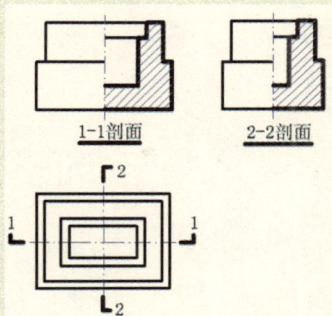

图 3-3-5 半剖面图

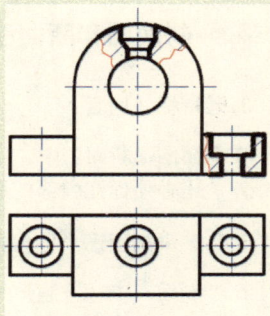

图 3-3-6 局部剖面图

3.4 断面图

3.4.1 断面图的形成

当用剖切面剖切物体时，仅画出剖切平面与物体相交的图形称为断面图，简称断面。

断面剖切符号只用剖切线表示，并以粗实线绘制，长度为6~10mm。

剖切符号的编号采用阿拉伯数字按顺序连续编号，并注写在剖切线一侧，编号所在的一侧为该断面的剖视方向。

3.4.2 断面图的种类

根据断面图在视图中的位置，可分为移出断面图、重合断面图和中断断面图等三种。

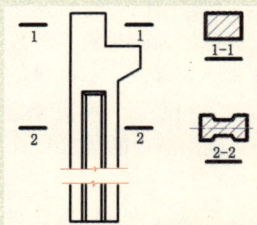

图 3-4-1 移出断面图

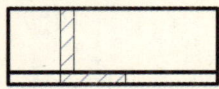

图 3-4-2 重合断面图

图 3-4-3 中断断面图

3.5 剖面图和断面图尺寸标注

3.5.1 标注内容

在剖面图、断面图中，除了按定形和定位的要求标注工程形体的外形尺寸外，还必须标注内部构造的尺寸。

3.5.2 半剖面图中整体尺寸标注

在半剖面图中标注整体尺寸时，只画出剖面一侧的尺寸界线和尺寸起止符号，尺寸线稍许超过对称中心线，而尺寸数字是指整体的尺寸，并标注整体尺寸线中间位置。

3.5.3 直径标注方式

在建筑工程图中，直径符号通常标注在非圆图形中，用线型尺寸样式加直径的代号 $\varnothing$ 来表示。

3.5.4 标注举例

在剖面、断面图中，除了标注工程形体的外形尺寸外，还必须标注出内部构造的尺寸。

图3-5-1所示为一工程形体。由平面图的剖面剖切符号可知，采用了两个方向的剖面图。在剖面图中标注尺寸，除贯彻就近标注的原则外，尺寸数字如标注在剖面图中间，则应把这部分图例线断开，以避免与尺寸数字相交，如2-2剖面中的30，50等。

图3-5-2所示为一杯形基础。剖面图中竖向尺寸850和250分别表示杯口的深度和杯底的厚度；水平尺寸200，25，700等则表示杯口在长度方向的定形和定位尺寸。在表示结构配筋的剖面图上不画材料图例。

在图3-5-3圆锥形薄壳基础中，由于下面挖空圆台的顶圆是自然形成的，故不必再标注出它的直径。在半剖面图中标注整体尺寸时，只画出剖面侧的尺寸界线和尺寸起止符号，尺寸线稍许超过对称中心线，而尺寸数字是指整体的尺寸，如图3-5-3圆锥形薄壳基础的半剖面图中的$\varnothing$2700和图3-5-4瓦筒的半剖面图中的$\varnothing$530和$\varnothing$430。

断面图中的尺寸标注见图3-5-5所示。与断面图相关的尺寸一般应注写在该断面图上，一个尺寸一般只需标注一次。

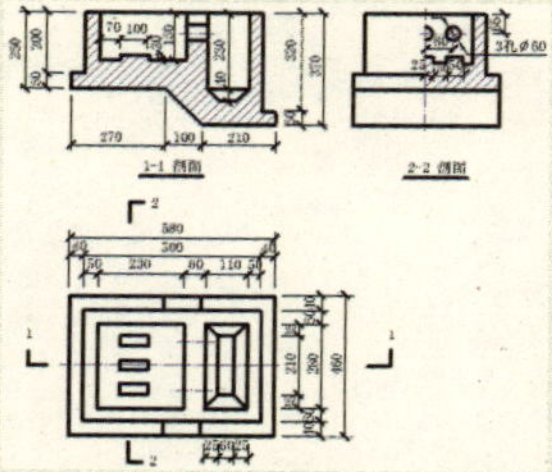

图 3-5-1 剖面图尺寸注法

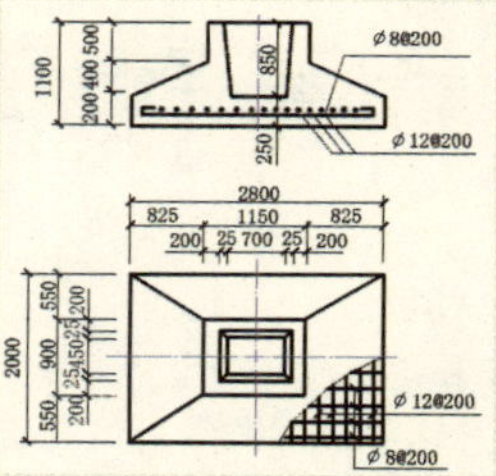

图 3-5-2 棱台形杯形基础
结构图

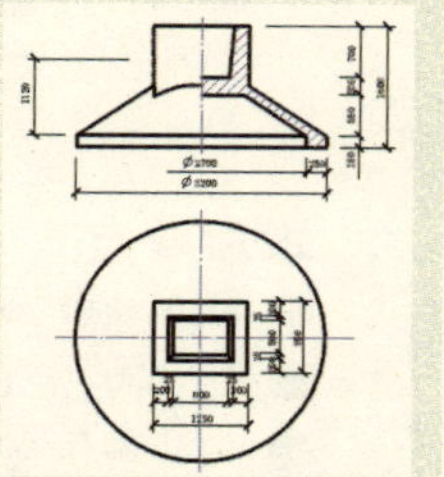

图 3-5-3 圆锥形杯
形基础建筑图

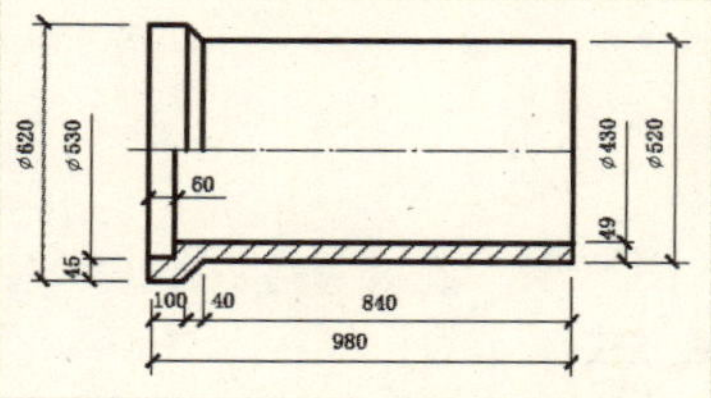

图 3-5-4 瓦筒建筑图

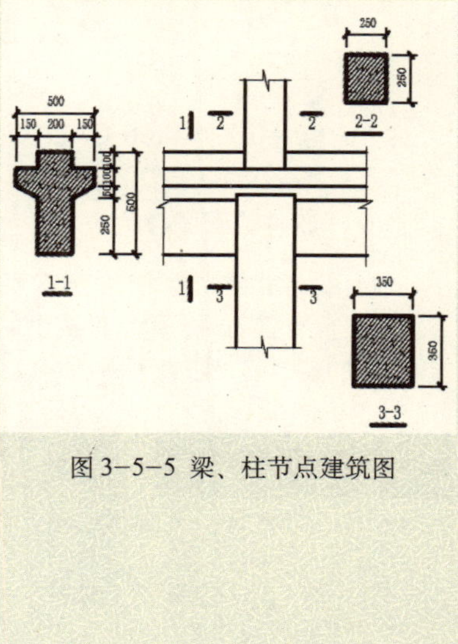

图 3-5-5 梁、柱节点建筑图

第四章 计算机绘图

本章要点
- 绘图软件 AutoCAD
- AutoCAD 常用命令
- 图块与图库
- 图层与线型
- 文字标注和图案填充
- 布局和打印输出

4.1 绘图软件 AutoCAD

4.1.1 软件的安装与启动

（1）执行软件光盘中的"SETUP.EXE"文件，在系统的提示下安装。

（2）重新启动后，用软件提供的激活方式激活软件（电话、"EMAIL"或网络在线激活）。如果不激活可以试用30天。

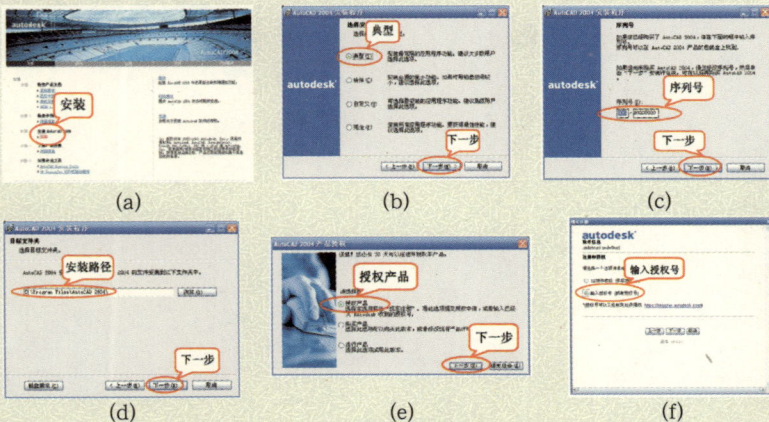

图 4-1-1 软件的安装

44

(3) 安装完毕后在程序组或桌面上有启动图标，启动时选择启动图标启动。

4.1.2 用户主界面

用户主界面是用户与程序进行交互对话的窗口。对AutoCAD的操作主要是通过用户主界面来进行的。因此，了解用户主界面各部分的名称、功能以及操作方法是十分重要的。

4.1.3 系统设置界面

设置栏目用于修改系统的各种绘图参数。例如：系统文件的路径、支持文件的路径、开始菜单的设置、打印设备的设置、鼠标按键的设置等等。

图 4-1-2 用户主界面

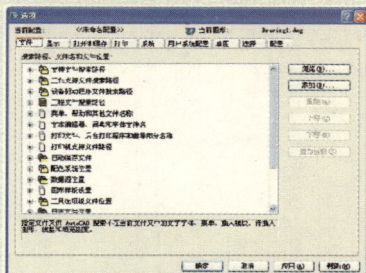

图 4-1-3 系统界面设置

4.1.4 菜单条

菜单条包括了"AutoCAD"所提供的最常用的命令和程序。请注意菜单中的各项并不全是命令，有一部分是"AutoLISP"程序。

4.1.5 工具条

工具条和菜单的功能相似，只是体积更小，更形象。是初学者喜欢的一种命令输入方式。但是，由于需要鼠标操作，因此不能盲打操作。和其它几种输入方式相比，操作速度快于菜单，慢于键盘快捷键。

工具条的优点是操作者不用记忆，易于掌握。

(a)文件	(b)编辑

(c)格式

(d)	(e)	(f)

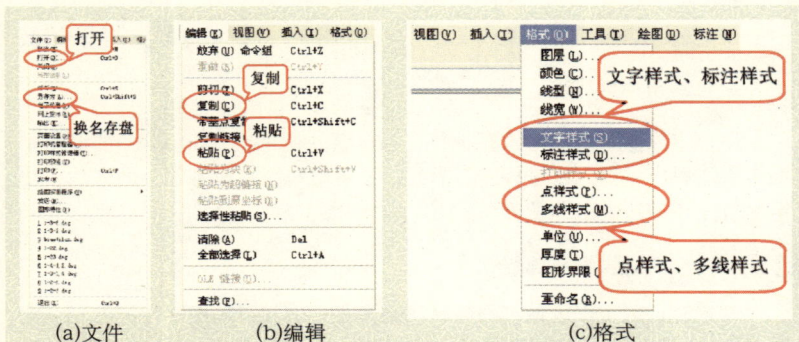

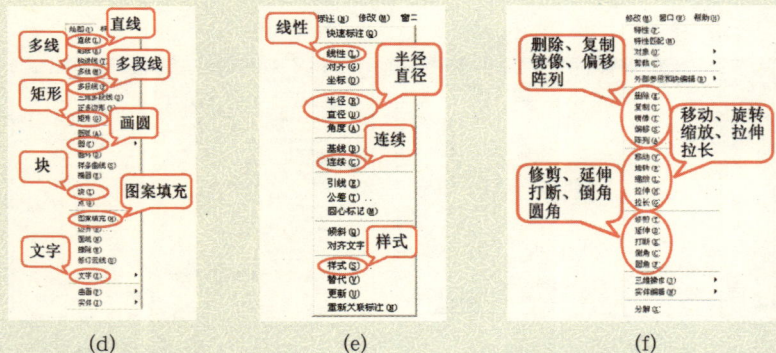

图 4-1-4 下拉菜单栏目

4.1.6 工具选项板

工具选项板是一种缩略图菜单，类似于过去的幻灯片菜单。现在的系统支持利用图块自动生成工具选项板。工具选项板的生成在设计中心完成。开关热键【Ctrl】+3。

4.1.7 属性编辑栏

属性编辑栏用于修改图线和文字的各种属性。例如：图线的图层、颜色、线宽、线型等属性；文字的字型、大小、宽窄等属性；尺寸的类型和相关的各种属性。不同的实体有不同的属性编辑栏。

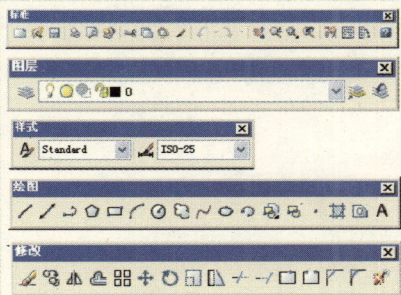

图 4-1-5 工具条

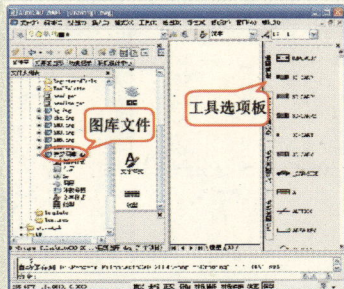

图 4-1-6 工具选项板

开关热键【Ctrl】+ 1。

4.1.8 设计中心

设计中心用于进行文件管理、资料查找、图库引用、字型引用、图案填充、建立工具选项板等等。

开关热键【Ctrl】+ 2。

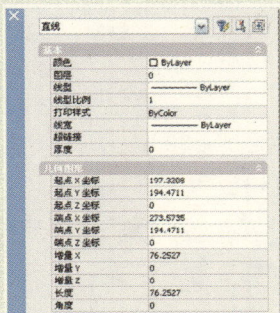

图 4-1-7 属性编辑栏

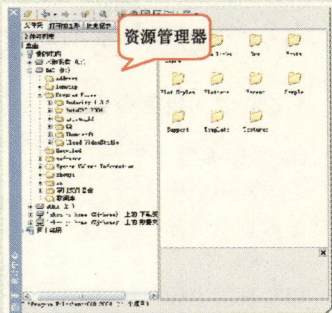

图 4-1-8 设计中心

4.1.9 布局卡

布局卡用于打印出图的图形布局、图纸选用和笔形等的设定。

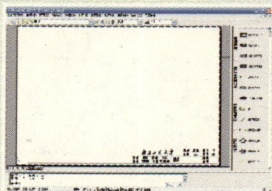
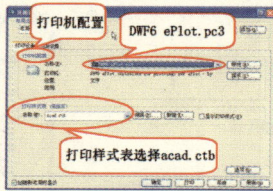
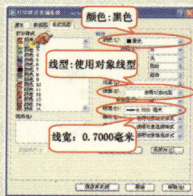

| (a) | (b) | (c) |

图 4-1-9 布局卡(一)

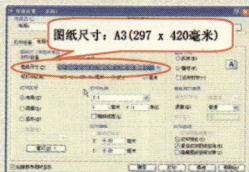

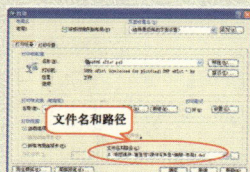

| (d) | (e) | (f) |

图 4-1-9 布局卡(二)

4.2 AutoCAD 常用命令

4.2.1 常用绘图命令

(1) 坐标类型

绝对直角坐标

绝对直角坐标是系统内定的坐标系。以 X,Y 表示。例如：420,297。

相对直角坐标

相对直角坐标是当前输入点相对上一输入点的坐标差。以 @ △X,△Y 表示。例如：@420,297。

极坐标

极坐标一般使用相对值,是当前点相对上一输入点的距离和角度值。以 @ ρ<θ 表示。例如：@100<90。

图 4-2-1 绝对直角坐标

图 4-2-2 相对直角坐标

图 4-2-3 极坐标

(2) LINE 绘制直线

系统简化命令：L，建议自己简化为：X。

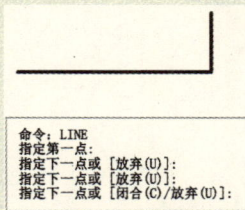

图 4-2-4 使用绘图命令
绘制直线

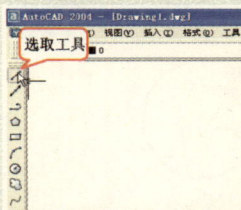

图 4-2-5 使用工具条绘制
直线

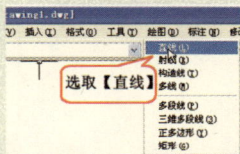

图 4-2-6 使用下拉菜单
绘制直线

(3) PLINE 多段线

同一个多段线命令绘制的所有线段都是一个实体。多段线可以设定线宽，也可以用"PEDIT"命令对其属性重新定义。比如改变线段的宽度、直线段重定义为曲线段、曲线段恢复成直线段等等。

系统简化命令：PL。

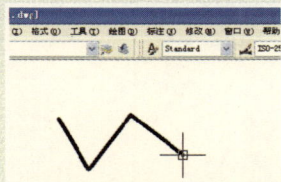

图 4-2-7 绘制多段线

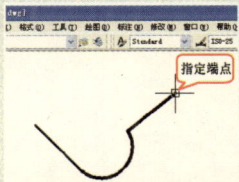

图 4-2-8 绘制带有曲线
段的多段线

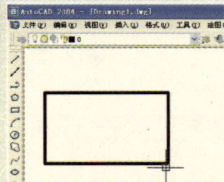

图 4-2-9 绘制矩形

(4) RECTANG 绘制矩形

矩形工具不是 AutoCAD 的内部原命令，是用 AutoLISP 程序编制的外部命令，在菜单文件中定义。它的类型属于PLINE实体。

系统简化命令：REC，建议自己简化为：R。

(5) CIRCLE 绘制圆

(6) ARC 绘制圆弧

绘制圆弧根据给定的参数不同，有不同的操作流程。更方便的绘制圆弧的方法是通过剪切圆来获得。

系统简化命令：A。

图 4-2-10 使用工具条画圆

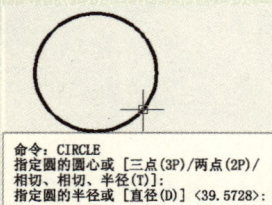

命令：CIRCLE
指定圆的圆心或 [三点(3P)/两点(2P)/相切、相切、半径(T)]:
指定圆的半径或 [直径(D)] <39.5728>:

图 4-2-11 给定圆心、半径

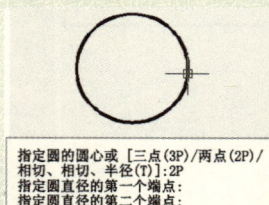

指定圆的圆心或 [三点(3P)/两点(2P)/相切、相切、半径(T)]:2P
指定圆直径的第一个端点:
指定圆直径的第二个端点:

图 4-2-12 给定直径两端点

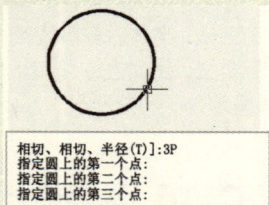

相切、相切、半径(T)]:3P
指定圆上的第一个点:
指定圆上的第二个点:
指定圆上的第三个点:

图 4-2-13 给定三点

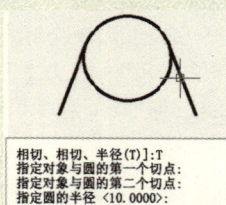

相切、相切、半径(T)]:T
指定对象与圆的第一个切点:
指定对象与圆的第二个切点:
指定圆的半径 <10.0000>:

图 4-2-14 给定半径与两线相切

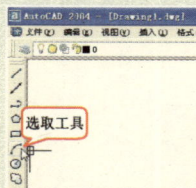

图 4-2-15 使用工具条画弧

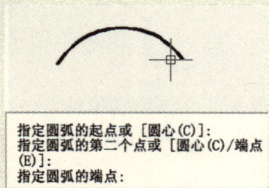

指定圆弧的起点或 [圆心(C)]:
指定圆弧的第二个点或 [圆心(C)/端点(E)]:
指定圆弧的端点:

图 4-2-16 给定三点

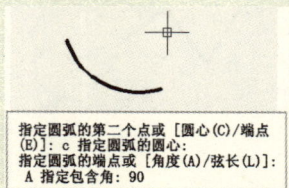

指定圆弧的第二个点或 [圆心(C)/端点(E)]: c 指定圆弧的圆心:
指定圆弧的端点或 [角度(A)/弦长(L)]:
A 指定包含角: 90

图 4-2-17 起点、圆心、夹角

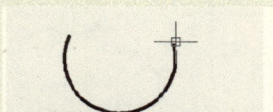

```
指定圆弧的起点或 [圆心(C)]:
指定圆弧的第二个点或 [圆心(C)/端点
(E)]: c 指定圆弧的圆心:
指定圆弧的端点或 [角度(A)/弦长(L)]:
```

图 4-2-18 起点、圆心、终点

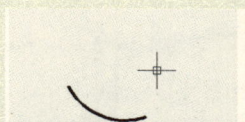

```
指定圆弧的第二个点或 [圆心(C)/端点
(E)]: c 指定圆弧的圆心:
指定圆弧的端点或 [角度(A)/弦长(L)]:
1  指定弦长: 20
```

图 4-2-19 起点、圆心、弦长

(7) ELLIPSE 绘制椭圆或椭圆弧

系统简化命令: EL 。

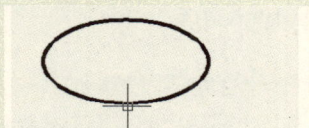

```
指定椭圆的轴端点或 [圆弧(A)/中心点
(C)]:
指定轴的另一个端点:
指定另一条半轴长度或 [旋转(R)]: 20
```

图 4-2-20 绘制椭圆命令

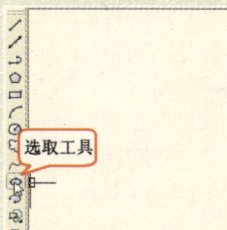

选取工具

图 4-2-21 使用工具条绘制椭圆

(8) POLYGON 绘制多边形

用于绘制正多边形。系统简化命令: POL 。

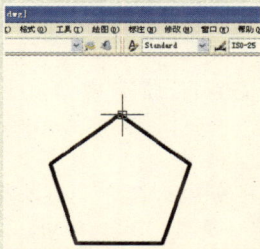

图 4-2-22 使用工具条绘制多边形

4.2.2 常用编辑命令

(1) 常用选择方法

(a) 单选

用鼠标左键单击图线，可以选择该直线。连续单击可以多选图线。

在"工具"菜单的选项栏目中可以改变系统默认的多选方式。在"用Shift键添加到选择集"项被选中时，多选图线需要按住【Shift】键。

(b) "W"式窗选

默认的情况下，单击鼠标左键于画面的空白处，向右移动鼠标再单击左键会拉出一个实线窗口。只有完全落在该窗口中的图线被选中。这种选择方式称作为"W"式窗选。

技巧：可以直接键入"W"回车，选用该式窗选。

(c) "C"式窗选

默认的情况下，单击鼠标左键于画面的空白处，向左移动鼠标再单击左键会拉出一个虚线窗口。只要有一点落在该窗口中的图线都会被选中。这种选择方式称作为"C"式窗选。

(d) "F"式线选

在需要沿一条直线路径选择图线时，可以直接键入"F"回车，然后沿所需路径单击鼠标左键画出一条选择折线，用回车完成路径的绘制。这样被该折线所跨过的图线将被选中。

(2) OFFSET 等距复制

等距复制命令用于复制直线、圆或圆弧等图形实体。

系统简化命令：O，建议自己简化为 FF。

(3) COPY 复制

系统简化命令：CO，建议自己简化为：CC。

(4) MIRROR 镜像

镜像命令既可以对称复制图形对象，也可以镜像移动图形对象。操作的不同在于最后回答："N"，复制；"Y"，移动。

当镜像操作的对象为文字时，可以通过修改"MIRRTEXT"系统变量的值来决定文字本身是否镜像。数值为"0"不镜像，数值为"1"镜像。修

指定点以确定偏移所在一侧：
选择要偏移的对象或〈退出〉：
指定点以确定偏移所在一侧：
选择要偏移的对象或〈退出〉：

图 4-2-23 OFFSET 等距复制

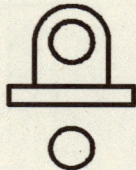

命令：COPY
选择对象：
指定基点或位移，或者 [重复(M)]：
指定位移的第二点或〈用第一点作位移〉：

图 4-2-24 COPY 复制

改的方法是直接键入"MIRRTEXT"。

系统简化命令：MI，建议自己简化为 RR。

(5) ARRAY 阵列

阵列命令有两种阵列模式，一种是矩形阵列，另一种是环形阵列。

系统简化命令：AR。

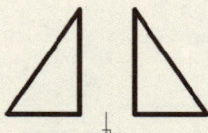

选择对象：
指定镜像线的第一点：
指定镜像线的第二点：
是否删除源对象？[是(Y)/否(N)]〈N〉:N

图 4-2-25 镜像命令

命令：ARRAY
选择对象：找到 1 个
选择对象：

图 4-2-26 矩形阵列

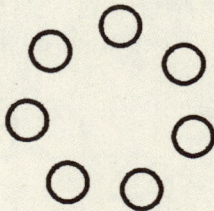

图 4-2-27 环形阵列

(6) FILLET 倒圆角

当给定半径为非零数值时，可以圆角连接两个图线。

技巧：当给定半径为零时，可以让两线相交。绘图时经常使用该命令让两直线、或其它非闭合类型的两图线相交。

系统简化命令：F。

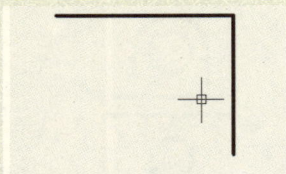

指定圆角半径 <0.0000>: 20
选择第一个对象或 [多段线(P)/半径(R)
/修剪(T)/多个(U)]:
选择第二个对象:

图 4-2-28 R = 0 两线相交

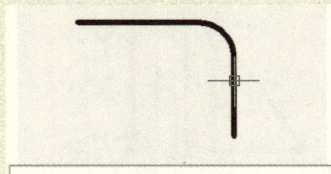

指定圆角半径 <0.0000>: 20
选择第一个对象或 [多段线(P)/半径(R)
/修剪(T)/多个(U)]:
选择第二个对象:

图 4-2-29 R ≠ 0 两线圆弧连接

(7) TRIM 修剪

技巧：当系统询问剪切边时直接回车，系统会选择当前窗口中的所有图线为剪切边。方便用户多重剪切。当系统询问被剪切边时，按住【Shift】键再选择图线，会延伸直线到剪切边。

系统简化命令：TR，建议自己简化为 T 。

(8) EXTEND 延伸

技巧：当系统询问延伸边时直接回车，系统会选择当前窗口中的所有图线为延伸边。方便用户多次延伸。当系统询问被延伸边时，按住【Shift】键再选择图线，会用延伸边剪切被选图线。

系统简化命令：EX 。

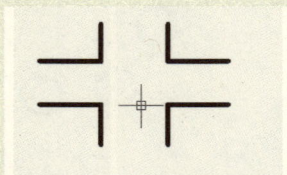

选择要修剪的对象，或按住 Shift 键选
择要延伸的对象，或 [投影(P)/边(E)/放
选择要修剪的对象，或按住 Shift 键选
择要延伸的对象，或 [投影(P)/边(E)/放

图 4-2-30 TRIM 修剪

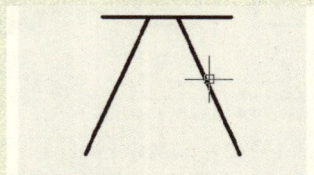

选择对象:
选择要延伸的对象，或按住 Shift 键选
择要修剪的对象，或 [投影(P)/边(E)/放
弃(U)]:

图 4-2-31 EXTEND 延伸

(9) BREAK 打断

技巧：当系统询问第二断点时，键入"F"，可以重新选择第一断点（系

统默认选择图线时的输入点为第一断点)。绘图时经常利用此方法在某处分断一直线,或一条不封闭的图线。

系统简化命令:BR 。打断于点建议使用工具条或自己自定义命令:BB 。

(10) STRETCH 变形伸缩

变形伸缩命令用于伸缩除文字和图块以外其它的图形实体。该命令要求选择图形时,最终必须使用一窗口类型的选择法选择图形,系统以此窗口作为移动对象的选择依据。窗口内的实体随窗口移动,窗口外的实体保持原状不变。

一般用"C"式窗口作变形拉伸编辑。

系统简化命令:S 。

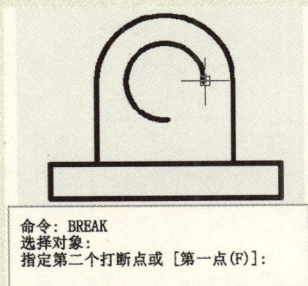

命令:BREAK
选择对象:
指定第二个打断点或 [第一点(F)]:

图 4-2-32 BREAK 打断

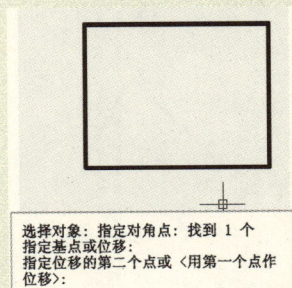

选择对象:指定对角点:找到 1 个
指定基点或位移:
指定位移的第二个点或〈用第一个点作位移〉:

图 4-2-33 STRETCH 变形伸缩

(11) MOVE 移动

系统简化命令:M ,建议自己简化为:V 。

(12) SCALE 缩放

系统简化命令:SC 。

(13) ROTATE 旋转

系统简化命令:RO 。

55

命令：MOVE
选择对象：
指定基点或位移：
指定位移的第二点或〈用第一点作位移〉：

图 4-2-34 MOVE 移动

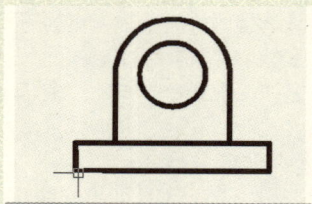

指定对角点：找到 10 个
选择对象：
指定基点：
指定比例因子或 [参照(R)]：1.5

图 4-2-35 SCALE 缩放

(14) CHAMFER 倒角

用用户给定的两个倒角距离切角。用一倾斜直线连接两直线。

系统简化命令：CHA 。

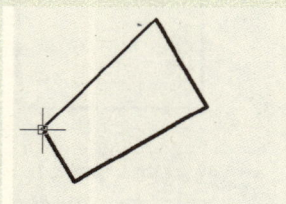

选择对象：找到 1 个
选择对象：
指定基点：
指定旋转角度或 [参照(R)]：30

图 4-2-36 ROTATE 旋转

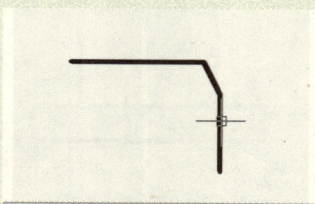

指定第二个倒角距离〈20.0000〉：20
选择第一条直线或 [多段线(P)/距离(D)/
角度(A)/修剪(T)/方式(M)/多个(U)]：
选择第二条直线：

图 4-2-37 CHAMFER 倒角

(15) ERASE 擦除

技巧：可以使用键盘功能键【Delete】完成同样的工作。

系统简化命令：E 。

(16) EXPLODE 分解

用于分解图块、多线、多行文本等实体。

系统简化命令：X ，建议自己简化为 XX 。

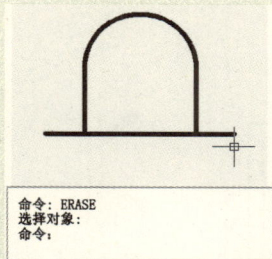

命令: ERASE
选择对象:
命令:

图 4-2-38　ERASE 擦除

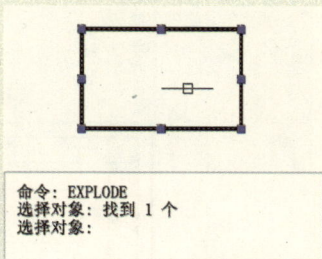

命令: EXPLODE
选择对象: 找到 1 个
选择对象:

图 4-2-39　EXPLODE 分解

4.2.3 绘图方法

(1) 计算机绘图要点

(a) 所有图形的原始图都可以从矩形开始,因为所有物体的投影轮廓都是一个闭合的图形,而矩形正是物体投影的原始形。画出矩形后为了将其编辑成我们所需形式,因而要对其使用各种复制、剪切、延伸、变形伸缩等等编辑命令。

(b) "矩形"命令绘制的图形是一整体,其内部格式是"PLINE"。如果要对其各边进行编辑,需要使用"分解"命令将其转换成"LINE"格式的单体。

(c) 复制命令主要有:"OFFSET"等距复制、"COPY"平移复制、"ARRAY"矩形或环形阵列等等。

(d) 伸缩命令主要有:"TRIM"剪切、"EXTEND"延长、"STRETCH"变形伸缩等等。

(e) 两线相交主要使用命令"FILLET",将其倒圆半径设置为零。也可使用不同的半径值圆弧连接两条直线或曲线。

(f) 倾斜的直线一般画成水平或垂直线后,再使用"STRETCH"命令或使用"夹点"模式移动其一端使其变成倾斜状态。

(g) 分断一段直线或曲线成两段,可以使用断开命令"BREAK",如果需在某交点处分断,可以使用"打断于点"的方式。即,使用"BREAK"命令中的"F"选项,重新选择第一断点和第二断点重合。

综上所述,能用编辑命令完成的,就不要使用绘图命令来完成,因为编辑图形要比绘制图形省略繁琐的定位问题。

(2) 直线类图形画法

如图 4-2-40 所示为直线类图形的画法。

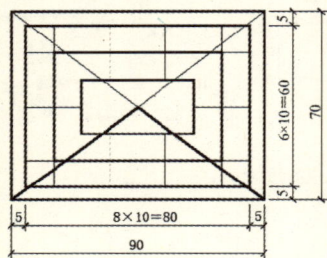

图 4-2-40　直线类图形

(3) 直线和曲线连接的画法

如图 4-2-41 所示为直线和曲线连接的画法。

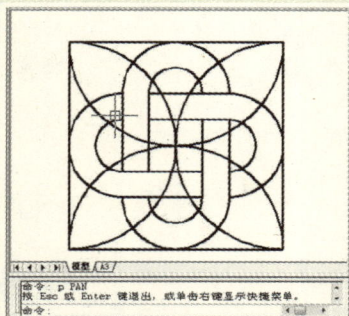

图 4-2-41　直线和曲线连接

(4) 多线的画法

多线是指一次画出多根直线，例如建筑平面图中的墙体投影线。

用多线画双线时需改动两个参数，一是对齐模式改为"无"，一是比例值改为双线的间距。

画线时先定双线的位置，长度不需多考虑，应尽量画长些。画完后再使用多线编辑命令"MLEDIT"编辑。

技巧：多线编辑命令可以通过在双线上方任意点处双击调出编辑菜单。

"多线"系统简化命令：ML 。

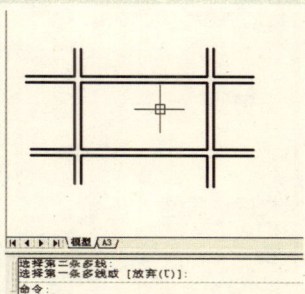

图4-2-42 墙体平面

4.3 图块与图库

4.3.1 图块的用途

图块主要的作用是用于命名一系列具有独立意义的图线集合，以便使用时直接按名称整体调用。

图块使用时需要事先定义。定义图块有多种途径：

(1) 将需要的图形先用绘图命令画好，再使用"BLOCK"命令定义成图块；

(2) 利用已有图形，选择其中的一部分再使用"BLOCK"命令定义成图块；

(3) 使用"INSERT"命令将外部文件直接插入，插入后文件自动转换成图块；

(4) 同时打开两个文件窗口，将其中一个文件中的图块或图形选中后用鼠标右键拖放至另一个文件中。此时系统将弹出菜单提问，选择转换成图块。块名由系统自动命名；

(5) 同时打开两个文件窗口，将其中一个文件窗口中的图块或图形选中后按下【Ctrl】＋C 组合键复制，在另一个文件窗口中按下【Ctrl】＋【Shift】＋V 组合键粘贴成块，块名由系统自动命名。

图块使用也有多种方法:

(1) 使用"INSERT"命令调出对话框,填写对话框直接调用;

(2) 通过编写 AutoLISP 程序,用"-INSERT"命令由程序调用;

(3) 将包含图块的文件通过"设计中心"转换成"工具选项板"使用。此种途径被用作制作自己的图形库。

写出图块是指将已有图块用"WBLOCK"命令单独写成一个图形文件。

4.3.2 BLOCK 定义图块

系统简化命令:B。

4.3.3 ATTDEF 定义图块属性

系统简化命令:ATT。

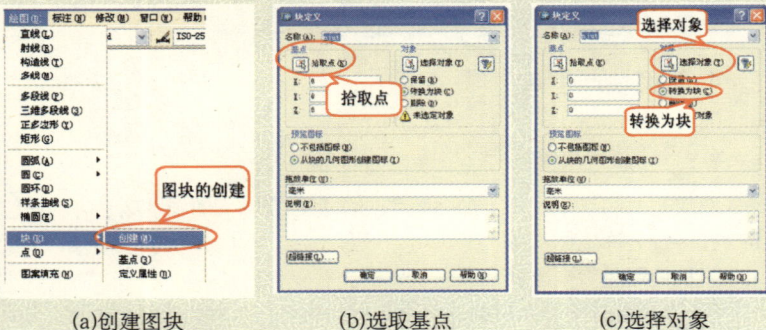

(a)创建图块 (b)选取基点 (c)选择对象

图4-3-1 BLOCK 定义图块

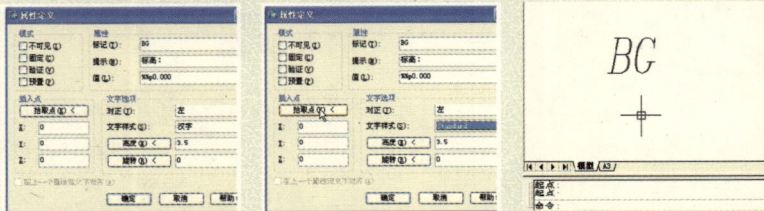

(a)填写属性 (b)选择文字样式 (c)确定结束

图4-3-2 定义图块属性

4.3.4 WBLOCK 图块写出

(1) 图块写出主要用于将已定义的图块单独写成文件，在新写的文件中，该块不存在，以基本图形实体形式存储。

(2) 该命令还可以将已有图形中的一部分选择存储成单独的文件。被选择的可以是基本图形实体，也可以是图块。但和第一种情况不同，在新文件中，转存的块仍然存在。

(3) 通过第二种情况的转存，可以将未被包括的一些后台数据清除掉。如：未被引用的"字型"、"图块"、空"图层"等。

系统简化命令：W。

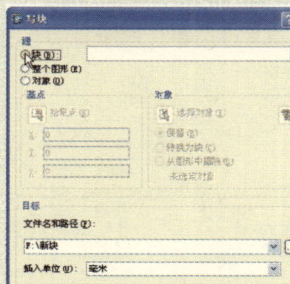

(a)选择已有图块　　　　　　　　(b)确定结束

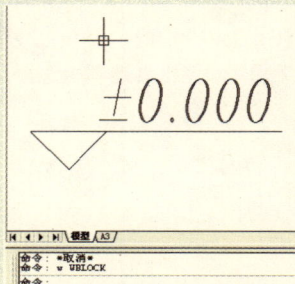

图4-3-3　图块写出成文件

4.3.5 INSERT 图块调用

(1) 可以用此命令调用本张图纸中已经定义过的图块；

(2) 也可以用此命令调用外部的文件。外部文件中的所有图形在调入后，被整体以图块形式存储；

(3) 调用的方式也可采用"工具选项板"的形式；

(4) 用同时打开多个文件的方式，用鼠标右键菜单或"复制"与"粘贴"也可达到同样的效果。

系统简化命令：I。

(a)选择插入图块　　　　　　　　　　　　(b)回车结束

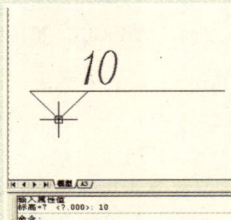

图4-3-4　图块调用

4.3.6 建立图形库

【Ctrl】+2 打开设计中心，查找文件（该文件中包含建库的所有图块），右键菜单"创建工具选项板"。

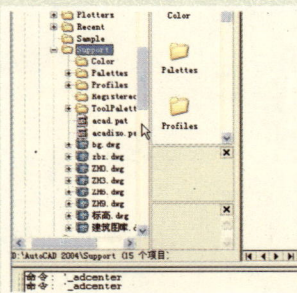

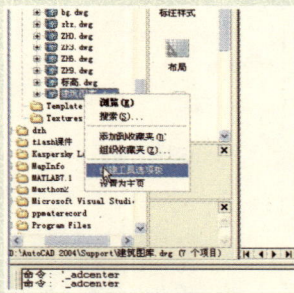

(a)打开设计中心　　　　　　　　　　(b)右键菜单"创建工具选项板"

图4-3-5　建立图形库

4.3.7 图库调用

【Ctrl】+3 打开工具选项板，选择其中的图标，右键"特性"调整插入比例。左键单击插入。

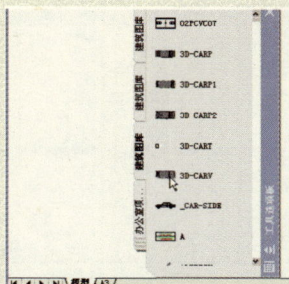
(a)选择图标

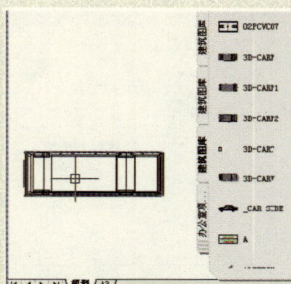
(b)单击插入

图4-3-6　图库调用

4.4 图层与线型

4.4.1 图层的用途

图层主要用于对绘图实体进行分类。图层可以管理的实体属性有：颜色、线型、线宽等。

使用图层的目的主要有两种，一种是表达所绘图线的线型和线宽（如：粗线、细线、虚线、点划线等等）；另一种是辨别图线所构成实体的种类（如：门、窗、楼梯、墙体等等）。前一种是为了绘图，后一种是为了统计计算。这里主要讨论前一种。

这里主要提供一种实现绘图图线线型的方法：

(1) 将实体的"颜色、线型、线宽"等属性交给图层来管理，即：设置所有这些属性值为"BYLAYER"；

(2) 建立代表各种线型的图层，用颜色来区分；

(3) 将不同的线型放置于对应的图层；

(4) 打印时通过打印样式表，将屏幕颜色重新指定为打印时所用的颜色、线型、线宽（打印样式表文件为：PLOT STYLES 文件夹中的 ACAD.CTB）。从而实现各种不同类型线型的表达。

4.4.2 LAYER 定义图层

系统简化命令：LA 。

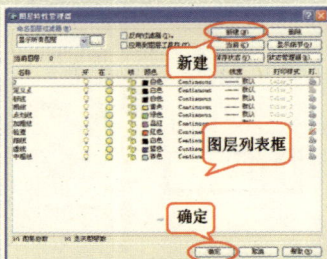
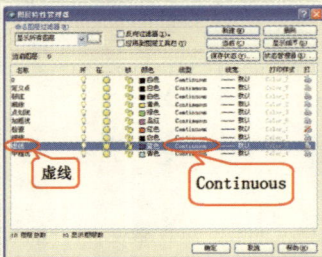

(a)   (b)

图4-4-1 定义图层

4.4.3 图层操作

图层操作建议使用下拉列表菜单，但批量操作仍然使用图层命令
"LAYER"，系统简化命令：LA 。

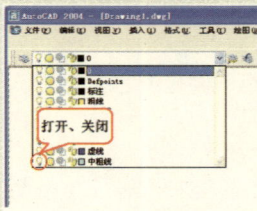
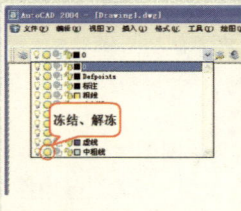
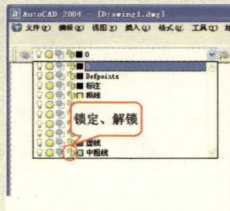

(a)   (b)   (c)

图4-4-2 图层操作

4.4.4 线型的实现方法

这里以学生绘制常用工程图样所需的线型为例，介绍线型的一种实现
方法。

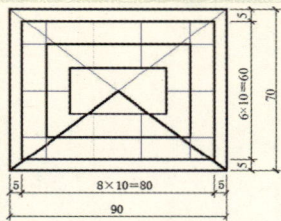

图 4-4-3　直线线型练习

图 4-4-4　直线和圆弧连接

4.5　文字标注与图案填充

4.5.1　STYLE 字型设定

书写文字之前，必须设定字型才能引用。设定字型有下列三种情况：

(1) 定义 ACAD 字库文件的西文字型。即用 AutoCAD 自带的西文字库文件定义西文字型。

(2) 定义 WINDOWS 字库文件的中文字型。即，用 WINDOWS 字库中的汉字字体文件定义能书写中文的字型。

(3) 定义 ACAD 字库文件的中文和西文合用字型。即，用我国专业软件自定义的字库文件定义能同时书写中文和西文的字型。其中主要是包括一些特殊字符（如结构图中常用的二级钢筋符号等）。

系统简化命令：ST 。

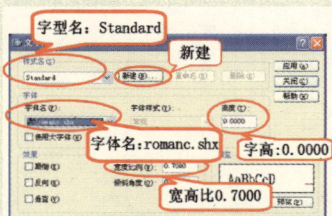

(a)西文字型

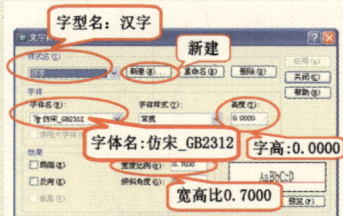

(b)中文字型

图 4-5-1　字型定义

4.5.2 DTEXT 单行文字标注

系统简化命令：DT 。

4.5.3 MTEXT 多行文字标注

系统简化命令：MT 。

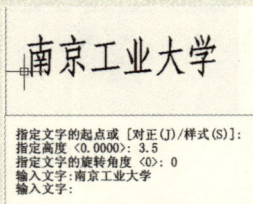

指定文字的起点或 [对正(J)/样式(S)]:
指定高度 〈0.0000〉: 3.5
指定文字的旋转角度 〈0〉: 0
输入文字:南京工业大学
输入文字:

图 4-5-2　单行文字标注

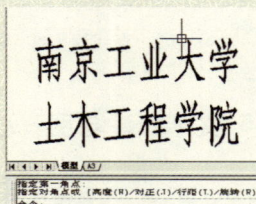

指定第一角点
指定对角点或 [高度(H)/对正(J)/行距(L)/旋转(R)]:
命令:

图 4-5-3　多行文字标注

4.5.4 HATCH 图案填充

图案填充用于表达各种专业图例。如建筑工程制图中的材料图例等。图案填充有两种填充边界选择法，一种是"点选"，另一种是"实体选择"。闭合的边界可以使用"点选"或"实体选择"两种方法；开口的边界或有缺陷的边界，只能使用"实体选择"这一种选择法。

系统简化命令：H 。

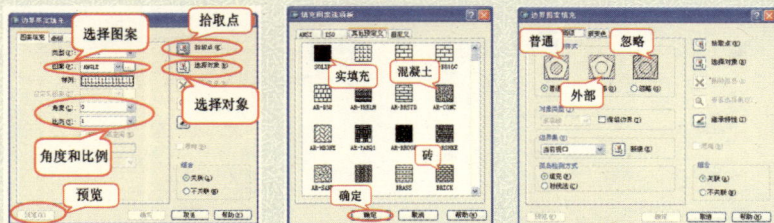

(a)图案填充　　　　　(b)选择图案　　　　　(c)高级选项

图 4-5-4　图案填充

4.6 布局和打印输出

4.6.1 布局卡的用途

布局卡主要用于图形的后置处理，包括打印出图和转成其他格式的图形文件等用途。惟一的区别在于选择打印驱动时，是选择真实打印机，还是选择虚拟打印机。

使用布局卡需要按以下步骤操作：

(1) 新建布局卡，或复制已有的布局卡；

(2) 打开页面设置中的打印设备卡片：选择打印机，如果需要自定义图纸的尺寸，则编辑打印机的特性；

(3) 设置打印样式表，根据实体颜色编辑线型和线宽；

(4) 打开页面设置中的布局设置卡片：选择图纸尺寸和单位，选择打印比例、图形方向；

(5) 在布局卡的图纸模式下，建立所需的图形窗口。如果需要多窗口则使用"VPORTS"命令新建窗口；

(6) 在布局卡的模型模式下，使用"ZOOM"命令，并以类似"0.01XP"的方式给定缩放图形所需的出图比例；如果是多窗口的情况，则需要分别设置各窗口的显示比例；

(7) 单击打印按钮。如果是虚拟打印（打印至文件），则还需要输入文件名。

4.6.2 页面设置

在页面设置对话框中，可以设置打印设备和打印样式表，还可以设置图纸尺寸和打印比例。

4.6.3 PLOT 打印输出

在打印对话框中选择图纸尺寸，并设置DWF文件名和输出路径。

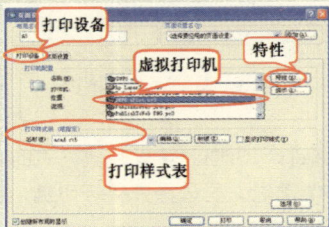
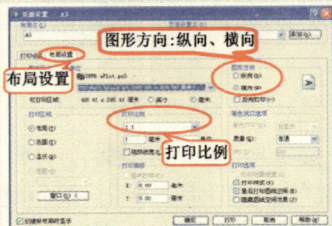

(a)   (b)

图4-6-1 页面设置

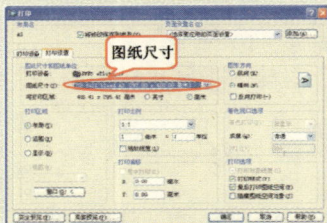
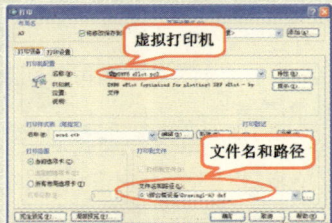

(a)   (b)

图4-6-2 打印输出

参考文献

[1] 卢传贤.土木工程制图（第三版）.北京：中国建筑工业出版社，2008.

[2] 卢传贤.土木工程制图习题集（第三版）.北京：中国建筑工业出版社，2008.

[3] 何铭新.画法几何及土木工程制图（第三版）.武汉：武汉理工大学出版社，2006.

[4] 陈文斌,章金良.建筑工程制图（第四版）.上海：同济大学出版社，2005.

[5] 周偲.AutoCAD建筑工程制图.北京：中国水利水电出版社，知识产权出版社，2003.